版式创意
设计与实践

CREATIVE LAYOUT DESIGN

霍磊 著

江苏凤凰美术出版社

图书在版编目（CIP）数据

版式创意设计与实践 / 霍磊著 . — 南京 : 江苏凤
凰美术出版社 , 2022.10
ISBN 978-7-5741-0197-5

Ⅰ . ①版… Ⅱ . ①霍… Ⅲ . ①版式－设计 Ⅳ .
① TS881

中国版本图书馆 CIP 数据核字 (2022) 第 132914 号

出版统筹	王林军
策划编辑	夏玲玲
责任编辑	王左佐
装帧设计	张仪宜
责任校对	刘九零
责任监印	唐　虎

书　　名	版式创意设计与实践
著　　者	霍　磊
出版发行	江苏凤凰美术出版社（南京市湖南路1号　邮编: 210009）
总 经 销	天津凤凰空间文化传媒有限公司
总经销网址	http://www.ifengspace.cn
印　　刷	雅迪云印（天津）科技有限公司
开　　本	710mm×1000mm　1/16
印　　张	10
版　　次	2022年10月第1版　2022年10月第1次印刷
标准书号	ISBN 978-7-5741-0197-5
定　　价	88.00元

营销部电话　025-68155792　营销部地址　南京市湖南路1号
江苏凤凰美术出版社图书凡印装错误可向承印厂调换

序

艺术设计的特点是创意和创新，设计的目的是要不断解决复杂的需求问题。因此，艺术设计教育应该是以学生为中心、以教学服务为目的的知识体系和实践能力的构建过程。要实现这一过程，就必须进行艺术设计人才培养模式改革，加快设计教育与创意产业转型发展融合，按照产业人才需求和设计潮流及技术发展不断修正调整。

艺术设计是一门综合学科，涵盖了科学、文化和艺术诸元素的学科门类，科学技术让艺术设计插翅腾飞，文化艺术赋予设计灵魂、品位、格调和情趣，艺术设计通过经济和市场来催生时尚、创建品牌、引领消费。可以这样说，科学技术的创新和文化艺术的创意是现代艺术设计专业发展与进步的双驱引擎。国家发展创意产业和现代服务业急需培育和建设艺术设计的应用学科和专业，也急需培养和训练具有艺术设计专业知识和能力的人才。

该书结合对艺术设计教学与实践的探索和思考，其中包含了我校师生的不少作品，体现了该专业的教学水平。在选图和内容上与课堂思政有机结合。老师以精练、形象、易懂的语言阐述了艺术设计的基本概念、类型、思维方法，专业设计方法和技巧，设计实现所需要的新材料、新技术、新工艺、新设备等，并结合设计作品从各个角度深度剖析，全面展示了版式设计领域中的新思维、新观念、新理论、新技巧和新作品，帮助学生开阔视野，把握艺术设计的发展趋势。教材强调理论与实践相结合、教育与产业相结合、教法与经典案例剖析相结合，采用启发式和互动式的教学模式，使初学者了解并掌握艺术设计创意过程中的关键要素，对专业设计人员也具有一定的启迪作用。

本书的编写者霍磊是武昌工学院的优秀中青年骨干教师，他具有丰富的教学经验和艺术设计的实际操作能力，在编写本书的过程中也融入了教学和科研的最新成果和独特的见解。

期待本书在培养艺术设计专业学生的创新思维能力、实际动手能力、专业适应能力和就业创业能力方面起到应有的作用。

目录

第一章
版式设计概论

　　版式设计是现代设计艺术的重要组成部分、视觉传达的重要手段。作为一种编排方法，版式设计很好地统一了技术与艺术，是一种技能表现形式。现代设计者必须掌握版式设计的基础技能。所谓版式设计，是基于设计主体与视觉要求，设计人员根据造型要素及形式标准，在预设的有限版面内，结合主题与内容需求，有组织、有目的地排列组合图像、文字、色彩等视觉传达信息要素的一系列设计行为与流程。版式设计有机排列组合应用视觉元素，此种视觉传达方式可以充分展现出理性思维和极具个性化的艺术风格与特色。在信息传达的过程中，感官美感随之而来。

　　斜角形、W形、V形、T形、X形、S形、凹凸形、三角形、打散构成等是版式设计的主要构图。版式设计的应用范围十分广泛，涉及期刊报纸、画册书籍、易拉宝、宣传海报、挂历、产品样册、网站页面、招贴画等诸多领域。

第一节
版式设计的原则

一、思想性与单一性

有效精准地传播客户信息是版式设计的根本。设计失败、无彩设计产生的根本原因是设计师沉迷于追求满足自身风格要求，使用与设计主题不匹配的图形及字体。了解明晰客户目标是成功实现版式设计的前提，并应对设计的相关内容进行系统全面的了解、探究和把握。设计开始前展开简要咨询，使内容与版面良好衔接，主题思想与内容有机融合，引导读者深化理解、形成客观认识。版面构成的最终目标必须充分彰显主题，达到让人一目了然的效果。

艺术性与装饰性

选用合理有效的版面视觉语言能够使版式设计更好地服务于版面内容，充分展现最优诉求。在设计作品的过程中，第一环节开展的思维活动为构思立意。在明确主题的前提下，版面设计艺术的核心为版面构图布局及表现形式等，该环节工作的开展具有较高难度。设计者自身文化涵养的水平在很大程度上决定着版面内容的统一与变化、意新与形美，以及独特的审美情趣。因此，版式设计实际上是系统检验设计者的技术知识、艺术修养及思想境界。

通过科学排列组合点、线、面，实现文字、图像与色彩的有机结合，运用象征、比喻等视觉展现手法，达到传递信息、美化版面的效果。实际上，版面是依托审美特征，构造形成了特有装饰。装饰形式的差异性很大程度上取决于版面信息类型的多元化，既能充分彰显突出版面信息，又能将美的体验感受传递给读者。

趣味性与独创性

作为一种极具灵动性的视觉语言，它的趣味性主要是指形式的情趣。在构思过程中，充分调用艺术手段，创造提升趣味性，使版面内容丰富精彩。趣味十足的版面内容，能够更好地推广传递传媒信息，获得用户的青睐和认可，而抒情、寓意、幽默表达等表现手法是趣味性的主要来源。

个性化特征充分彰显的原则实际上就是指独创性原则。极具创意性的版式设计个性鲜明突出。版面若采用单一化的排版方法和推行类似的概念，很难出奇制胜，深入人心。所以，设计者必须发散思维、创新思考，将个性风格充分展现在版式设计中，运用独创性设计获得消费者的认可和肯定，展现出独具特色的风格。

二、整体性与协调性

版式设计是信息传播的关键桥梁，而版式设计的核心在于主题思想内容必须匹配于设计的形式。版式设计需要注重内容与形式相统一，艺术表现与内容表达相协调。通过统一形式与内容，合理布局整体架构，鲜明的艺术与社会价值才能充分展现在版面构成中，使设计者有关阐述对象、方式、内容是什么的问题有效解决。重视版面协调性的原则实际上是使版面结构、色彩与多元化编排要素的内在关联有效衔接。通过协调编排、优化组合版面的文字与图像，将版面条理、构架美等视觉效果充分展现给消费者。由于基本形或线具有相同的形状、大小和方向，因而在版式设计中被广泛运用，使设计更为规律、协调与统一。然而，版式设计的构成重复，极易给人呆板无趣、毫无新意的视觉感受，因此，为改变死板无趣的版面格局，应将重叠、交错合理安排设计于版面中。

音乐领域最早形成和产生节奏、韵律的概念。歌德认为，音律具有独特的魅力。现代版式设计中广泛吸纳了韵律概念。作为一种律动形式，节奏实际上是根据一定规则、条理等连续重复排列，其排列构成既有连续的相等距离，又展现出不同的形状、大小、明暗等特征。将个性化情感与因素融入节奏中，进而形成了韵律。作为音乐旋律的具体展现，韵律的情调、节奏十分优雅，同时，使艺术表现力更为深刻、版面更富有共情力。

对称均衡

对称形式最简易的表现形态就是并列对齐两个同一形。相同、等量、平衡是对称的核心特征。稳定、秩序、整齐等是对称的主要特征，主要表现形式涵盖了分别以中轴线、水平线、对称面为基准的左右、上下对称及反转形式。

对比调和

相同或差异性的性质之间存在着鲜明的对比因素，实际上强调差异性就是对比。对比就是对大小、粗细、高低、远近、动静、硬软等两两对立的要素进行程度、水平的比较。主从关系及统一变化的效果是对比的基本要素。

调和是强调近似性，侧重于两者或两者以上要素存在的相同特性，实际上指的是稳定、统一、协调、合适。在版面构成中，调和适用于事例版面，对比适用于局部版面，对比与协调两者相得益彰。

第二节
版式的形式法则

比例适度

版式设计是一门独特的艺术，它离不开对比例的精准把控。通俗意义上来看，比例反映的是部分与整体、两部分之间的对比关系；具体到版式设计上，可以通过对几何语言与数量关系的精准把控实现对比例的精确把控。在版式设计过程中，良好的比例设计是必不可少的，当前人们常用的比例包括黄金比例、等差比、等比数列等，其中黄金比例的应用最为广泛，它也可以最大限度地实现版面的和谐。

所谓适度是针对读者的视觉、心理感受而言的，版式设计中比例关系的选择要满足适度的标准，给人以良好的视觉体验。适度的比例关系，可以在满足用户需求的基础上给人以舒适的心理体验。

变异秩序

版式设计中的变异是相对于规律而言的，适度的比例关系的应用可以使人感受到规律之美，在其中加入突变的因素可以最大限度地吸引用户的眼球，使人将注意力聚集于此。变异的形式包括规律的转移与变异，在具体的操作过程中，可以通过变化物体的大小、形状以及方向来达到变异的效果。

在版式设计过程中，秩序美是必不可少的，它也是规律美的重要表现，是人们在生活中发现并提炼出来的。在版面设计过程中运用秩序美可以增加版面的科学性，给人以清晰明了的视觉感受。秩序美可以通过版面内容的设计来实现，版面内容包括线条、文字、图形等，通过比例、对称、均衡等原理对版面内容进行组合，使得内容看上去有规律可循。在秩序中加入变异的因素可以使版面效果更加突出。

虚实留白

虚实留白是版式设计中形式美的法则之一，虚实的设计可以最大限度地突出主体，在版式设计过程中要有虚有实，主体要实、背景要虚，根据内容设计虚实，不可喧宾夺主。

留白是指版式设计中的空白部分，也是版面空间设计的一部分，从虚实层面上来看，留白部分属于"虚"的内容。在版式设计过程中，为了突出主体通常会通过留白的方式来提高视觉效果，以视觉上的"少"来实现效果上的"多"，使人将注意力集中于未留白处，实现传播的目的。

变化统一

变化统一是版式设计中形式美的基本法则，它的最终目的是为了实现版面的和谐。变化是版面内容中不统一、不和谐的部分，统一则是指各部分之间的内在联系。二者的结合可以在最大限度上体现和谐，从而实现版式设计的形式美。在版式设计的过程中突出变化的成分可以使人将注意力聚焦在差异上，从而增加视觉上的层次感。

相对于变化而言，统一更注重各部分、版面各内容之间的一致性与联系性。为了确保版式设计的和谐，在设计过程中可以适当减少版面的构成要素，在此基础上增加组合的形式，通过秩序、均衡等方式来实现统一。

第三节
版式的基本版面类型

版式的类型丰富，包括了骨格型、满版型等 13 种类型，在版式设计过程中可以根据内容的不同来选择恰当的设计类型，在保障内容完整表达的基础上实现设计的艺术美。

骨格型

骨格型设计最大的优势在于设计的理性与条理，在进行版式设计时通过分栏的形式将图片与文字合理排布，实现双方的和谐。常见的分栏形式为竖向通栏、双栏、三栏、四栏等。

满版型

满版型适用于图片占主导的版面，在设计过程中将图片放置在主导位置，常见形式为铺满整版，给人以强烈的视觉冲击，同时也使人们将注意力聚焦于图片上。文字一般置于图片的上下、左右等位置。满版型常见于广告设计中，它的优势在于重点突出。

上下分割型

顾名思义，上下分割型是将版面分为上下两部分，图片与文字各占一部分，它与骨格型的优势类似，均可实现设计的条理性，不过上下分割型相较于骨格型更为活泼。

左右分割型

左右分割型与上下分割型原理一致，是将版面分为左右两部分，将图片与文字分开放置。若将上下分割型与左右分割型相比较，上下分割型更为自然流畅，左右分割型易使人产生视觉上的冲突。若要实现左右两边的平衡，可以适当虚化左右两边的分割线，或者适当设计版面中的文字。

中轴型

中轴型的设计可以在最大限度上实现版面的对称，在设计过程中一般将图片按照水平或者垂直的方式放置于版面中间，将文字分布于图形两侧，这种对称的设计风格可以使人感受到稳定、平和。

曲线型

曲线型是指将文字与图片按照曲线的风格排列，给人以流动的感觉。

倾斜型

倾斜型的主要优势是吸引读者注意，在设计过程中将版面内容编排成倾斜的格式，给人以强烈的动感体验。

对称型

对称型包括绝对与相对两种，其中相对对称的手法较为常见。对称风格常为左右对称，对称型的应用可以使人感受到版面的严谨与理性。

重心型

重心型是指在版式设计过程中人为地设计一个视觉焦点，用以突出重点。可以通过三种方式来实现：

中心——通过图片或文字的聚集造成一个中心点。

向心——通过文字或符号的编排将视线的焦点引至版面的中心。

离心——在版面中心确定的情况下，通过文字或符号将视线焦点从中心向外延伸。

三角型

将版面内容排列成三角形的格式，给人以稳定的心理感受。

并置型

当版面中图片较多时，可以将图片设置成统一大小，有规律地进行排列。图片较多，容易造成版面的混乱，将其进行排列之后可以实现版面的规律性。

自由型

在版式设计过程中将文字与图片随意编排，使其不受规律的束缚，易给人一种活泼的感受。

四角型

在版面的四个角上对图形进行编排，将文字置于中间，给人以严谨的感受。

第四节
版式设计的基本方式

版式设计的基本方式就是对版面中的点、线、面进行排版，一切复杂的版面设计均可简化至对这三者的设计。在设计过程中，字母、数字、标点等都可统一看作点，一行文字或者空白可看作线，超过一行的文字或者空白则可理解为面。因而在设计过程中对这三者进行合理的编排，是实现版式形式美的重要方式，不同的点、线、面的组合，可构成不同的版面。

点在版面

在版式设计中，点的位置与形状最为多样，设计方式也更突出。点是相对于线和面而言的，它既可以作为画面的中心焦点而存在，也可以作为画面的边缘，与其他点一起作用于画面的平衡与和谐，或者充当衬托画面主体的作用。在设计点时，要考虑到点存在的形式，根据它在画面中所起到的作用选择恰当的设计方式。

版面中心线

线相对于点来说多了长度与宽度，在具体的版式设计中，不仅要考虑到线的位置、方向、形状，还要考虑它存在的形式，如直线和曲线便有着不同的作用。每一种线都有其独特的性格，在版式设计中可以考虑不同线的作用与效果，对其进行合理的编排，实现线的作用的最大化。此外，线和点的关系还可理解为基础与延伸的关系，线是点的发展，点是线形成的基础。线存在的形式多样，其中文字构成的线是版式设计中最常见到的形式，设计者在处理它时一般把它视为版面的中心，将其作为重要的内容来设计；此外，线还可以充当版面的设计要素、图形的轮廓等，它的影响力要远远大于点。在版面中，线还可以起到分隔图片与文字、图片与图片以及文字与文字的作用，由于它具有一定的动态性，对于线的正确使用还可以使画面充满动感，丰富版面的表现效果。

版面中的面

相较于点、线来说，面所占据的位置最大，在设计时要考虑的方面也最多。在版式设计过程中不仅要考虑面的形状，还要考虑面的色彩、肌理等要素。面的形状包括了几何形和自由形两种，在编排过程中要把握不同形状的面的组合对于整体效果的影响，最大限度上确保版面的和谐与平衡。此外，还要注意色彩对于形状组合的影响，注意版面的协调。面在版面中所占据的面积最大，因而对于版面的影响也最大，在过程中需要注意面的不同特征，通过不同的排列组合发挥出面的最大作用，实现版面的形式美。

第二章
字体与版式设计概述

  字体与版式设计是平面视觉传达设计的重要组成部分，它与色彩、图形共同构成了平面视觉传达设计的核心，是广告设计、包装设计、网页设计等的基础。

  在进入字体、版式设计之前，先掌握一些有关的基本概念是非常有必要的。

  透过字体与版式所呈现出的视觉个性，使我们能够很好地掌握重要的设计技能。

第一节
版式设计的基本概念

　　版式设计在视觉传达设计中起着承上启下的作用，其主要考验设计师综合图片、文字、色彩等设计要素的组织表现能力，同时又为包装、展示等设计提供充分的设计准备。版式设计一词来源于英文"layout"，其中"lay"是指放置，"out"是指展示出来。大众通常接触的各种载体中所呈现的内容主要是图形、图片、文字、色彩这些要素。但是如何展示和组织这些要素，达到良好的视觉传达效果，则需要掌握一些版式设计的原理和方法。

　　因此，版式设计是平面设计领域十分重要的组成，它既需要设计师对相关设计软件和设计元素有一定的把握，又需要设计师能够综合地运用这些元素，按照设计需求，进行组织、排列、整合。优秀的版式设计不仅视觉传达效果好，而且能够提高读者的阅读兴趣，帮助读者在阅读浏览的过程中轻松愉悦地获取信息。（图 2-1 至图 2-3）

图 2-1　包装盒版式设计

图 2-2　宣传折页版面　　　　　　　　　　　　　　图 2-3　海报招贴

一、字体设计

　　文字设计是人类生产与实践的产物。随着人类社会的发展，企业的出现衍生出了招牌，为了脱离外包装上的同质化，字体设计开始诞生。字体设计也可以理解为文字设计，意为对文字按视觉设计规律加以整体的精心安排。（图 2-4 至图 2-7）

图 2-4　常见的黑体文字

夜雨寄北

何当共剪西窗烛，却话巴山夜雨时。

图 2-5　常见的宋体文字

图 2-6　书法字体文字　　　　　　图 2-7　趣味字体文字

　　文字是记录语言的书写符号，是人类记事和交流思想的工具，传承着文化，推动着人类文明的进步。在文字的使用中，各地区伴随着不同时期的文化和经济特征的差异，出现了各种文字书写形式。同时在人类审美需求的推动下，人类在生活实践中不断地创造出不同的文字书写形式。

　　文字的书写形式即字体，从造型的角度理解，字体就是文字的形体特征，是文字的造型设计、书写表现形式或技术以及所表现的文字的情感。字体设计是对文字的形、结构、笔画的造型规律、视觉规律和书写表现的研究，它以信息传播为主要功能，将视觉要素的构成作为主要手段，创造出具有鲜明视觉个性的文字形象。（图 2-8、图 2-9）

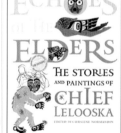

图 2-8　Futu 杂志里标准行距版面展示　　　　图 2-9　特殊行距版面展示

二、版式设计

版式设计即排版设计，亦称版面编排设计。所谓编排，即在有限的版面空间里，将版面构成要素——文字、图片图形、线条线框和颜色色块诸因素，根据特定内容的需要进行组合排列，并运用造型要素及形式原理，把构思与计划以视觉形式表达出来。也就是用艺术手段来正确地表现版面信息，是一种直觉性、创造性的活动。编排是制造和建立有序版面的理想方式。版式设计是平面设计中最具代表性的环节，它不仅在二维层面上发挥其功用，在三维的立体和四维的空间中也能感觉到它的效果，如包装设计中各个特定的平面、展示空间的各种识别标识之组合，以及都市商业区中悬挂的标语、霓虹灯等。

版式设计是平面设计中的重要组成部分，也是视觉传达艺术施展的大舞台。版式设计是伴随着现代科学技术和经济的飞速发展而兴起的，并体现在文化传统、审美观念和时代精神风貌等方面，被广泛地应用于报纸广告、招贴、书刊、包装装潢、直邮广告（DM）、企业形象（CI）和网页等所有平面、影像的领域。为人们营造新的思想和文化观念提供了广阔天地，排版设计艺术已成为人们理解时代和认识社会的重要界面。（图 2-10、图 2-11）

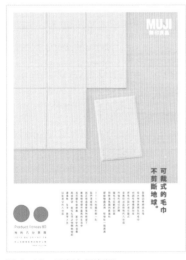

图 2-10　无印良品海报

图 2-11　《人民日报》版面

第二节
版式设计的主要发展阶段

版式设计作为现代设计艺术，并不单纯以设计作为目的。设计是为了将信息更好地传递，体现主题内容的思想，增强信息的传达力。表面看起来，版式设计只是编排，事实上版式设计已将版式设计技术和艺术相统一。版式设计发展的历史和人类发展的历史密切相关。每一种阅读媒介的产生都会有版式设计的新变革。

版式设计发展经历了漫长的过程，其出现的原因主要是文化和经济的发展。信息量的增加，使得早期的交流和传播模式无法满足文化和文明延续的需求。纸张的出现，使手稿记载历史成为现实，而印刷技术的出现为信息的广泛传播提供了更广阔的渠道。这一点无论在东方还是西方都具有相似性。

一、早期的版式设计

在人类文明发展的早期阶段，无论是岩壁绘画还是兽骨刻写，都具有原始的排版意识。在甲骨文排版和埃及石刻排版中可以看出，人类在早期信息传递的过程中，无论是横向排列还是纵向排列，都特别注重版式清晰的布局。（图2-12、图2-13）

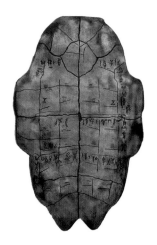 

图2-12 甲骨文　　　　　图2-13 埃及石刻文

二、东方的竖式排版

中国版式设计的独特性源于在简牍上书写文字的方式，简牍背面标有篇名和篇次。将其卷起时，文字内容呈现在外侧，方便阅读和查找。简牍誊写的出现奠定了中国传统竖式排版方式，也形成了人们从右至左、从上至下的阅读习惯。这一方式在东南亚一些地区的信息传播媒介（书籍、杂志、画册）中至今可见。

中国在版式设计上有重大贡献，在版式设计、阅读功能方面，与世界同期相比处于一流的水平。中国古籍的版式设计产生与每一次更新，使设计具有了功能性，并越来越考虑到使用者的需求。例如，明代的书籍设计版心小、天头地脚大，是由于当时的文人喜欢在书籍的页眉、页脚添加注解、读书心得，排版的大面积留白，是为了更方便读者使用。（图2-14、图2-15）

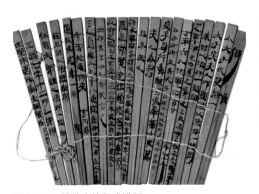 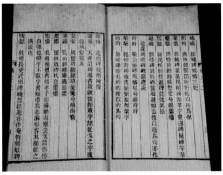

图2-14 简牍中的竖式排版　　　　　　　　　图2-15 线装书中传统的竖式排版

三、西方的横式排版

在欧洲，早期的手抄本奠定了西方版式设计的雏形。随着约翰内斯·古腾堡金属印刷技术的发明及工业革命的影响，1845年，改良后的印刷机器使得垂直版式设计取得了主导地位。这种版式以竖栏为基本单位，文字水平排列，具有文字小、图片小、标题不跨栏的特点。

西方中世纪版式设计发展极其缓慢，一直到中世纪后期才开始有了大的发展变革。（图2-16、图2-17）

图 2-16 欧洲手抄本

图 2-17 欧洲分栏印刷书籍

四、现代版式设计与新媒体版式设计

20 世纪 60 年代，人们对版式设计的重视达到了前所未有的程度。版式以色彩和图片为基础，文字和图片组合传递信息的形式更加灵活。这首先体现在西方出现了各种新形式的自由版式设计，各种类型的个性版式设计也应运而生，随后也影响和丰富了东方的版式设计。（图 2-18）

图 2-18 电影海报版式设计

　　如今，随着科技的发展和信息传播方式的更新，许多新兴的信息传递媒介也随之快速发展，互联网、电脑、手机、平板电脑等交互媒介中的信息传递也需要清晰有效的版式设计和布局，由此而产生的信息设计、交互设计、UI设计中的版式设计形式，有了新的发展和变化。（图2-19）

图2-19　手机UI设计

第三节
字体与版式设计的基本要求

独特性和美观性的要求始终贯穿于字体版式编排设计的全过程，这是因为字体是一种视觉符号，版式也需在令人赏心悦目的前提下传递信息。因此，字体与版式的设计在可读性的基础上，又有了对美观性的基本要求。

字体与版式的可读、易读，是衡量字体与版式实际功用发挥的重要指标，当然，这种实际功用并不像日用品表现得那么纯粹。例如，椅子可以拿来坐，衣服可以用来穿等，虽然字体不能拿来用，但是经过编排后的版面文字也是同样具有实用性。也就是，通过设计师的设计，让观者能够借用字体这种特殊的符号，正确地读懂所要传递的信息，这一点非常重要。因此，字体设计和版面的应用应准确而易认，准确是为了不引起误解，而易认则是为了便于识别。这就是字体和版面的实用性体现——便于识别和易读。（图2-20至图2-24）

图2-20　黑体

图2-21　宋体

图 2-22 圆体

图 2-23 书法体

图 2-24 哥特体

第三章
版式设计的基本要素
及构成规律

　　版面的构成要素是由文字、图形、色彩等通过点、线、面的
组合与排列构成，并采用夸张、比喻、象征等手法体现视觉效果，
既美化了版面，又提高了传达信息的功能。装饰是运用审美特征
构造出来的。不同类型的版面信息，具有不同方式的装饰形式，
它不仅起着排除其他、突出版面信息的作用，而且还能使读者从
中获得美的感受。

03

第一节
点在版式设计上的构成规律

点的定义

点成线，线成面，点是几何中最基本的组成部分。点的排列和组合也会产生线或面的视觉移动。如两个以上的点排列时，我们发现点与点之间存在着一种看不见的线，并且会产生运动和方向的感觉，这种现象叫作点的线化。点的密集排列也会产生面的感觉，这被称为点的面化。

版式设计作品中的点是指画面中呈点状的元素，或者在画面结构中可把它们当作点对待的元素。

点的大小不是固定的，它是相对于整体而言的，任何形状只要足够小，都可以称之为点。越小的点作为点的感觉越强烈，而点越大就越容易被看成面。此案例中画面中部的英文字母则可以看作点元素。（图3-1）

在版式设计中，点是最基本的元素，也是富有生命力的造型元素，一幅设计作品如果没有点的装饰，会显得毫无生机，适当运用点元素，可以使版面变得丰富生动，视觉效果活泼多变。接下来分别通过点作为主体、点缀和背景的三大使用场景进行分析，讲解点在版式设计中是如何运用的。

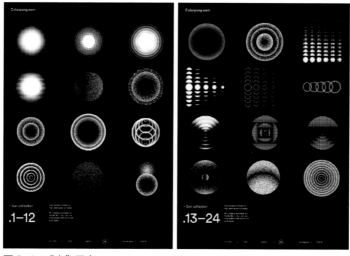

图3-1 "点"元素

主体元素

版式设计中的主体是指版面主要表现对象，也是画面的兴趣中心点，它起主导画面的作用，是控制全局的焦点。当版面上只出现一个点时，点就成了画面的主体，读者的视线就集中到这个点上，产生了凝聚视线的视觉效果。

任何形状的视觉形象都可以被当作点来看待，所以点不仅仅是圆的，还可以是规则的、不规则的、几何形的、有机形的、自然形的等，亦可以是人物、动物、植物等元素形态。我们应该根据设计目的，去选择或安排理想的形态。（图 3-2）

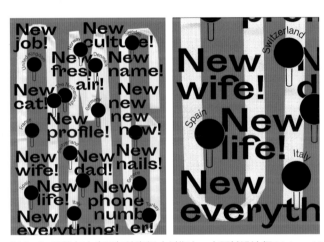

图 3-2　图像与文字叠加的海报（创作人：土耳其设计师 Mahmud Şahan）

当标题比较单调时，也会经常加入线元素进行装饰，使标题细节更丰富，刻画得更精致美观。

当画面留白面积偏大，为了避免版面空缺，也可以加入线元素作为背景用于填充空白，同时也能很好地起到点缀、丰富版面的作用。（图 3-3）

点的感觉是相对的。它由形状、方向、大小、位置等形式构成，这种聚散的排列与组合，可以带给人不同的心理感受。

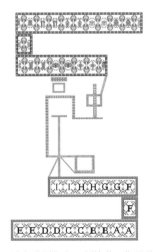

图 3-3　融合（创作人：刘艳蕊，指导教师：霍磊）

在版面中的点，由于大小、形态、位置的不同，所产生的视觉效果和心理作用也不同。

点的缩小起着强调和引起注意的作用，而点的放大有面之感。它们注重形象的强调和表现给人情感上和心理上的量感。将行首放大起着引导、强调、活泼版面和成为视觉焦点的作用。

点在版面上的位置：

1. 当点居于几何中心时，上下左右空间对称，视觉张力均等，既庄重、又呆板。

2. 当点居于视觉中心时，有视觉心理的平衡与舒适感。

3. 当点偏左或偏右，会产生向心移动趋势，但过于边置也产生离心之动感。

4. 点位于上、下边置，有上升、下沉的心理感受。

在设计中，将视点导入视觉中心的设计，如今已屡见不鲜。为了追求新颖的版式，更特意追求将视点导向左、右、上、下边置的变化已成为今天常见的版式表现形式。准确运用视点的设计来完美地表述情感即内涵，使设计作品更加精彩动人，这正是版式设计追求的更高境界。

第二节
线在版式设计上的构成规律

点移动的轨迹为线。线在编排构成中的形态很复杂，有形态明确的实线、虚线，也有空间的视觉流动线。然而，人们对线的概念，都仅停留在版面中形态明确的线，对空间的视觉流动线，却往往易忽略。

实际上，我们在阅读一幅画的过程中，视线是随各元素的运动流程而移动的，对这一流程人各有体会，只是人们不习惯注意自己构筑在视觉心理上的这条既虚又实的"线"，因而容易忽略或视而不见。事实上，这条空间的视觉流动线，对于每一位设计师来讲，都具有相当重要的意义。这也正是下章我们要讨论的"视觉流程"。

当画面整体设计感不够强时，适当添加线元素，使得原本相对中规中矩的排版布局变得更加富有细节感和设计感，视觉上更加丰富、有变化。（图3-4）

图3-4 线的运用

连接作用

因为线条具有方向性，所以在元素信息整合不够清晰时，可以通过线条把多个信息串联为一个整体，从而引导读者形成正确的阅读顺序。

　　图中大量信息被安排在版面中，虽然有大小层级划分，还是会给人混乱不堪的视觉印象；图 3-5 通过线条把展览主题"另一种目线"串联起来，让读者形成了正确的阅读顺序。而线条的使用也给版面中的众多元素划定了视觉范围，使得画面看起来更加整齐。

图 3-5　融和（创作人：何嘉豪，指导教师：霍磊）

装饰作用

　　线条能起到点缀、修饰版面的作用，适当的线条使用能提升整个画面的层次感，增加版面的精致度。（图 3-6）

图 3-6　藤田雅臣《新年贺卡》

强调作用

在版式设计中常使用线条强调画面中的某些重点元素或者提升某些元素对于画面的影响力。如目录设计中的线条不仅起到分割每个章节信息的作用，而且强调突出了章节的标题。（图3-7）

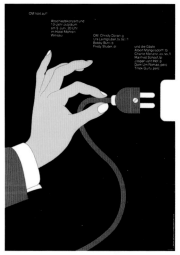

图3-7 《OM之最后一场音乐会》海报

线框可以很好地辅助设计，吸引关注，突出文案重点部分。图3-8所示海报文字信息加入线框，在视觉上等于是在海报中划定了视觉焦点，从而起到了突出主题的作用，读者第一眼便会把注意力集中在线框内的区域。（图3-8）

线条起着界定、分隔画面的作用，不仅可将物体及元素分离，也可将空间一分为多。（图3-9）

图3-8 线的构成海报

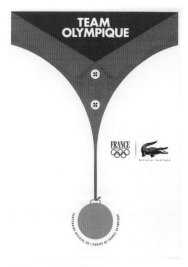

图3-9 线条分割海报

分割作用

线另一常用的功能是区分作用，以此来分类和区别不同的信息，特别是在版面的信息量大的情况下，选择用线来作为信息区域的划分，有利于信息的梳理和提高阅读效率。（图 3-10）

表格是由线条组成的一种具有分配功能的几何形式，表格思维运用在版式设计中可以合理地分配文字信息的比例大小和阅读层级，使版式规整有秩序感。

把多个信息，使用表格思维，用线条进行划分，在有限的版面空间内让信息主次分明，给读者带来更好的阅读体验。（图 3-11）

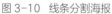

图 3-10　线条分割海报　　　　　　　图 3-11　澳门图书馆周主题海报设计

把展览主题的笔画拆开，并用线条串联起来，手绘的书本也使用自由随意的曲线进行连接，版面给人轻松、写意的阅读体验。（图 3-12）

当画面整体元素多而杂乱时，线可以起到很好的约束、规整的作用，可以引导读者把原本杂乱无章的视觉点串联为有次序的视觉元素。

图 3-13 通过线框把招贴作品《抵制网暴》通过中线约束规整并串联起来，建立起完整的阅读逻辑和视觉引导。线条使得画面整体感更强、画面版式更加严谨。

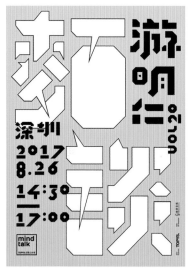

图 3-12 游明仁创意公开课

图 3-13 抵制网暴（创作人：黎宁静，指导教师：霍磊）

线的情感

线是点移动的轨迹，线的形式可以是几何中的线条，也可以是一段文字，或者是很多点的组合。由于线具有位置、长度、宽度、方向、形状等属性，赋予了线在视觉上的多样性。

每一种线都有它自己独特的个性与情感，所以在版式设计中需要根据线的性格去做符合需求的设计，这样才能让线发挥更极致的作用。（图 3-14）

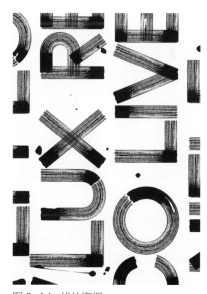

图 3-14 线的海报

曲线具有轻快、柔和、圆润、流动等造型特性，多用于表现优雅、流动的美感。（图 3-15）

垂直方向的线使人联想到高耸的楼房、树木等，令人产生蓬勃向上、庄严、挺拔的感觉。（图 3-16）

斜线从力学的角度来看，打破了空间的平衡性，产生不安定因素，具有运动的趋势。（图 3-17）

图 3-15　构成作业（创作人：熊浩，指导教师：霍磊）

图 3-16　构成作业（创作人：何嘉豪，指导教师：霍磊）

横向的线在大自然中往往出现在天际线或者是地平线上，给人一种开阔、平和、永无止境的心理印象。（图 3-18）

图 3-17　冬奥会海报（创作人：高尚，指导教师：霍磊）　　图 3-18　横向视觉海报

第三节
面在版式设计上的构成规律

面在版面中的概念，可理解为点的放大、点的密集或线的重复。线的分割产生各种比例的空间，同时也形成各种比例关系的面。面在版面中具有平衡、丰富空间层次，烘托及深化主题的作用。版面中产生的面极少有刻意去设计的，更多情况下，面与线，面与点或面与点线之间是相互依存、相互渗透的关系。

面的定义

版式设计中将具有面积感、体量感的元素定义为"面"。"面"既可以是有形的，是图形、图片、文字中的任何一种形态；又可以是虚无的，画面空白、图形间隙也都能成为面的形态。（图 3-19）

画面空白形成的面。与"点""线"相比，"面"具有明显长度和宽度，在空间上占有的面积更大，因而具有更强烈的视觉冲击力。面的大小虚实、空间、位置等不同状态都会让人产生不同的视觉感受。（图 3-20）

图 3-19　图片和文字形成的"面"

图 3-20　《the great salt lake》海报

直线面

"直线面"指由直线构成的面，轮廓具有明显的规律性，如矩形、三角形、多边形等。直线面与直线有着相同的视觉特征，如坚硬、锐利、稳定感等。

矩形图是最常见的图片形式，它能完整地传达图片信息，富有直接性、亲和力。优点是易于排版，整齐有序，构成后的版面稳重、严谨、大方，较容易与读者沟通。缺点是灵活度较低，用得不好会显得呆板，形式感不足。（图3-21）

使用不规则的直线面进行设计，可以创造丰富的版面结构，增强形式感和趣味性。（图3-22）

图 3-21　矩形图式排版

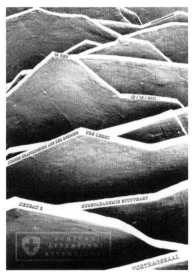

图 3-22　不规则直线面海报

曲线面

"曲线面"指由曲线边构成的面，如圆形、椭圆形等。与曲线有着相同的视觉特征，给人随意、舒适、柔美的视觉感受。

圆形给人饱满、完整、柔和的视觉感受。当我们看到圆形，会产生寻找圆心的愿望，所以使用圆形很容易形成视觉的聚焦，吸引人的注意力。（图3-23）

其他形状的曲线面优点是趣味性和形式感比较强烈，可以创造较为丰富的版面结构。缺点是排版难度较大，因为图片形式越是复杂，与其他图形和文字配合的难度越大。（图3-24）

图 3-23 曲线面海报　　　图 3-24 图文结合海报

自由面

　　"自由面"指无规律、复杂多变、不可复制、偶然产生的形状，其视觉感受自然、生动、有灵性，如高山、花草、水墨的形状等。

　　自由面的轮廓形式多种多样，运用在版式设计中很考验设计师想象力。优点是可自由发挥设计的空间很大，缺点是操作难度高，画面排版难以把控。（图3-25）

图 3-25 澳门图书馆周海报设计

第四节
色彩在版式设计上的构成规律

色彩是造型艺术的要素之一。它常起到画龙点睛和锦上添花的作用，如运用不当则会破坏版面的整体效果。它是现代版式中最活跃、最多变的元素，不仅为版面增加了变化和情趣，还增加了版面的空间感和层次感。要使版面色彩符合主题，增添魅力，就必须掌握色彩的原理和版面用色的规律。

一、色彩的基本性质

色彩的三要素：色相、名度、纯度。（图 3-26）

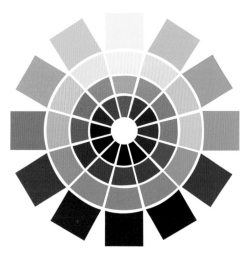

图 3-26 色相环

1. 色相

色相是每种色彩的相貌，是区分不同色彩的主要依据，是色彩的最大特征。

同类色的搭配给人统一整体的感觉，对比色搭配在活跃画面的同时给人不安定感。（图 3-27）

图 3-27　上海夏至音乐日中法海报展作品

2. 明度

明度是色彩的明暗差别，即深浅差别。明度调整见图 3-28。明度配搭差值高带来轻巧、干净，明度配搭差值高带来沉稳、厚重。

图 3-28　《我和我的祖国》（创作人：吴瑶，指导教师：霍磊）

3. 纯度

纯度是指各种色彩中包含的单种标准色的成分的多少，纯度越高，色彩感觉越强。

纯度对比见图 3-29。纯度越高，感觉越醒目，纯度越低，感觉越含蓄细腻。

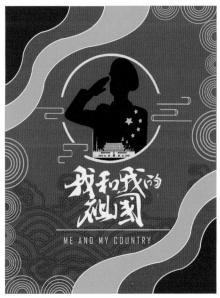

图 3-29　《我和我的祖国》（创作人：陈鑫鑫　指导教师：霍磊）

二、版式设计中色彩的运用

1. 色彩的感知对版面的影响

色彩的感知对版面的影响，主要是由色彩的象征性所产生的。色彩的象征意义是非常重要的，它能直接对读者心理产生影响，如：红色版面使人联想起火焰、热烈的场面，有温暖、喜庆、充满力量的感觉；蓝色的版面则使人感受到宁静和冷漠。特殊的色彩组合对营造版面的气氛的作用非常大，临近色的组合产生和谐的感觉；对比色的组合有更强大的张力和变化，对比产生的冲突可以迅速引起注意。当我们在选择版面色彩时，首先要考虑的是色彩的感知对版面主题和情趣表达是否合理，其次要预测读者的回应程度如何，再次进行色彩组合时形式选择，要注意主题和整体版面的需要。（图 3-30）

图 3-30　色彩搭配

2. 色彩与版面的易读性

版面的易读性是版式设计的重要原则之一，在加入色彩元素的同时，要考虑色彩对版面易读性产生的影响，要了解这一点，就必须理解色彩的三要素。在版面中当颜色和文字组合在一起时，文字的易读性就要通过颜色的对比来保证。明度对比是保证易读性的首要对比，其次是色相对比和纯度对比。对比最强烈的是白底黑字，易读性也最强；对比最弱的是白底黄字，由于黄色的明度与白色的明度比较接近，所以，易读性较差。

3. 处理背景颜色与文字颜色时要注意

①在背景与文字处理时尽量不要选相近的颜色，因为两者色相越接近，文字的易读性就越低。②如果背景与文字用相接近的颜色，一定要在明度上形成较强的对比关系，以此来提高文字的易读性。③如果要让文字突出、有冲击力，可以用对比色和互补色。④如果背景与文字用对比色，又要使版面看起来舒适、柔和，可以调整颜色的纯度和明度。⑤要注意标题

字和正文字的不同点。标题字号大，醒目，而正文字号小，排列密，可视性比标题字弱。因此，在相同的背景上，要提高正文字的易读性，必须加大正文字与背景色的对比。（图 3-31）

4. 印刷和数码的色彩运用

现代版式设计的实现是由印刷和数码来完成的，现在，印刷的相关软件的开发和先进印刷机的问世，使色彩的操作和运用比过去容易，表现力也比过去丰富和强劲。但作为设计师，掌握印刷和数码的色彩处理原理和软件操作，还是十分重要的。① CMYK 用于出版印刷，RGB 用于网页设计。②专色印刷是设计某种独特的颜色而预先设置好的，一般有两种方式：一种是按照 CMYK 不同配比设置进行调制的；另一种是特制专色油墨，如金色、银色、荧光色、金属色、珠光色等。

图 3-31　背景与文字处理的例图

三、主色调

色彩的表现通常是以各种色彩组合的方式进行的，它的组合便构成了色调。而色彩的表现力建立在色彩的面积、明度、色相的倾向与纯度的综合关系上。特殊的色彩组合可以造就设计的情趣，要想产生和谐的感觉，就使用相近色，要具有更多的张力和变化就使用对比色。在色调的处理中任何一个色彩基本要素的变动，都可能使画面产生根本的变化，这就需要我们在实践中去掌握、探求并适当地运用。

四、辅助色

辅助色的使用能够产生视觉层次感，避免视觉上的单调。但在版式设计中，不宜过多地使用辅助色，否则就容易造成花哨的感觉，使人的视线无法集中，给人一种散乱的视觉效果，一般辅助色以二到三套为宜。（图 3-32）

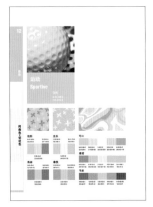
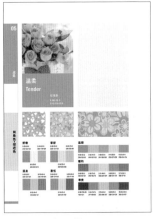
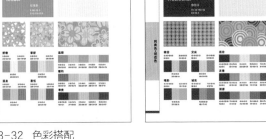
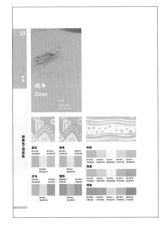

图 3-32 色彩搭配

第四章
版式设计的设计原则

　　优秀的版式设计往往是将各种编排元素融为一体，以整体的形式与张力传递出视觉信息，从而突出作品的原创主题，使之更具有艺术感染力。

第一节
主题性

在版式设计中，通过空间层次、主次关系以及设计流程等设计安排，使版面主题突出，并具备有效的诉求力。

在版式设计中，按照主从关系的顺序，使主题形象放大突出并成为视觉中心，以此表达主题思想，传达不同的内涵。如巴西啤酒品牌 Brahma 宣传招贴设计（图 4-1），将写了品牌名称的杯子放在视觉中心，将烘托氛围的杯子放在四周，显得和谐统一、重点突出，主次分明；2016 年绝对贵州创意设计联盟第五季 logo 设计（图 4-2），作者以圆形为主要设计元素，代表包容、协作，以及无限延展可能性，同时圆形也是贵州少数民族工艺品蜡染、苗绣图案的基础图形，配以贵州地貌等高线元素，将关键信息"2016"写在画面中心，显得画面美观且贴合主题。

图 4-1　巴西啤酒品牌 Brahma 宣传招贴设计

图 4-2　2016 绝对贵州创意设计联盟第五季 logo 设计（创作人：朱垣银）

　　想要突出主题，可以一定程度的运用留白的手法。留白的意思就是指"余留的白地"，但是"不知道为什么而多余出来的白地"和"有目的地留出的白地"，对于页面的美观却有着不同的作用。

　　留白可以减轻视觉压迫感，改变整体页面给人的印象，表现出页面内容之间的距离，或赋予页面构成以变化，使页面得到扩展。在主题形象四周增加留白，可以使被强调的主题形象更加鲜明突出，从而更加引人注目。当设计师在进行平面创作的时候，采用留白可以让画面达到一种均衡的视觉效果，以达到"此时无声胜有声"的氛围感，这种氛围显现出"无中之有""有中之无"，有与无相互衬托，虚与实相生相长，营造出别具一格的视觉效果。

　　恰当的留白，既能使版面上下平衡，形成稳定感、安定感；又能保持左右对称、彼此协调，而且富有节奏感、韵律感，主题清晰度高。如果版面没有虚实，就会显得没有主次、杂乱无章，使人眼花缭乱，产生视觉逆反现象。设计中主次分明，轻重有序，会产生一种节奏感和动态美感，如果无间歇、停顿，读者就会产生单调、平淡的感觉。

　　如全球变暖公益海报（图4-3），地球和融化的甜筒用同构的手法进行设计，画面周围大面积留白，凸显出了主体物的分量感。如禁烟公益海报（图4-4）中将烟标上了生命时长

图 4-3　全球变暖公益海报

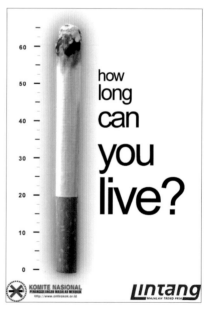

图 4-4　禁烟公益海报

的刻度，随着香烟燃去，刻度也将减少。除了主体物和标语外，画面中几乎没有其他元素，强调出了主题的严肃性。如节约用水公益海报（图4-5），作者将浪费的水资源用雨伞元素接住，汇聚成了大海，周围使用留白的手法，聚焦关注点于画面中心，突出主题。又如日本陶艺家鹿儿岛睦陶瓷作品展览宣传海报（图4-6）、Adot创意公益海报《用语言终结战争》（图4-7），都是将重点放在画面中心，其余地方留白，从而突出了主题。

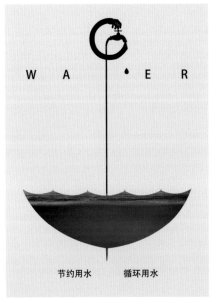

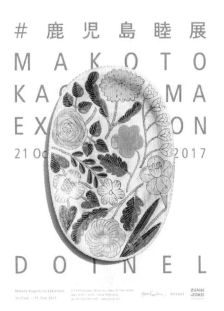

图4-5 节约用水公益海报（创作人：林晨，指导教师：霍磊）

图4-6 日本陶艺家鹿儿岛睦陶瓷作品展览宣传海报

图4-7 Adot创意公益海报《用语言终结战争》

将各种信息整体编排，有助于搞清楚各种信息与整体之间的关系，使主题内容一目了然。

版式设计的最终目的是使版面产生清晰的条理性，用悦目的组织来更好地突出主题，达到最佳诉求效果。当主题鲜明、形象突出，信息传递清晰有力，图形往往能达到最佳的传递效果。

如2020年抗击新型冠状病毒肺炎疫情国际公益海报设计作品《罩得住·"苦口佛心"》（图4-8）。此幅作品源于清代冷枚的《宫苑仕女图》，图中所绘两位女子，主人斜坐于奇木精雕的木椅上，若有所怅，侍女手持口罩，上身前倾，似有所语，将时事与宣传点融入了古代画卷，令人耳目一新，展开思考。又如同系列作品《罩得住·"碎波住流"》（图4-9），此幅作品源于唐代周昉的《簪花仕女图》，画中贵妇露胸披纱、丰颐厚体、雍容华贵的样貌，是中晚唐仕女的典型形象。设计师选取了其中两位雍容华贵的仕女以及白鹤、小狗，表达了疫情之下对人与宠物之间关系的思考。

图4-8　2020年抗击新型冠状病毒肺炎疫情国际公益海报设计《罩得住·"苦口佛心"》（创作人：丁俊）

图4-9　2020年抗击新型冠状病毒肺炎疫情国际公益海报设计《罩得住·"碎波住流"》（创作人：丁俊）

优秀的作品通篇紧紧结合主题，明确设计宗旨，给人以生动的视觉感受。如2020年抗击新型冠状病毒肺炎疫情国际公益海报设计《万众一心》（图4-10）和第六届深圳国际水墨双年展系列作品（平面艺术设计）（图4-11），都有着主题鲜明、信息传递效果强的特点。

图4-10　2020年抗击新型冠状病毒肺炎疫情国际公益海报设计《万众一心》（创作人：段亚南）

图4-11　第六届深圳国际水墨双年展系列作品（平面艺术设计）（深圳市言文设计有限公司作品）

版式设计流程：

①了解主题、熟悉背景、明确设计宗旨；

②进行信息分析；

③确定设计方案和表现风格；

④手绘草图；

⑤电脑辅助完成制作稿。

思考题：观察界面设计排版，在案例中增强留白的设计效果（图4-12、图4-13），并思考其作用。

图 4-12　留白效果界面设计

图 4-13　留白效果界面设计

第二节
审美性

审美性是形式美的基本法则。版式设计的形式美法则与绘画的构图法则有着极大的一致性，两者同样需要根据主题与创意的需求将各元素进行有机组合，是寻找和展示视觉信息内容在相似与不同之处的过程。运用形式美法则，可以将独特的构思流畅而清晰地传递给读者。

一、对比与调和

对比是将相同或相异的视觉元素作强弱对照编排所运用的形式手法，也是版式设计中取得强烈视觉效果最重要的手法。调和是在同类或不同类的视觉元素之间寻找相互协调的因素，也是在对比的同时产生调和。

对比为强差异，产生冲突；调和为寻求共同点，缓和矛盾。两者互为因果，共同营造版面的美感。

对比的方式有：大小对比、色相对比、曲直对比、明度对比、轮廓对比、方向对比、留白对比等。

1. 大小对比

大小对比是一种常见的对比方式，绘画、摄影、平面设计等不同领域的画面中都存在着大小对比。例如，酒类商业广告招贴（图4-14），就是将人体的大小和酒瓶大小之间的对比夸张化，显出酒瓶的巨大，给画面一种科技感和未来感。

图 4-14　酒类商业广告招贴

2. 色相对比

当相近饱和度的不同颜色、字体搭配在一起，会产生色相对比，即撞色。撞色的搭配会给版式设计带来新潮、年轻的感觉，但设计时需要考虑到画面的和谐。例如，第八届全国高校数字艺术设计大赛获奖作品后现代主义风格的《奇葩说》系列海报设计（图4-15）中运用了高饱和度的颜色搭配组合，产生了霓虹灯一般的绚丽效果，整张海报画面上充满活力，给人以强烈的视觉冲击力。

图4-15　后现代主义风格的《奇葩说》系列海报设计（创作人：潘静，指导教师：魏珍珍）

3. 曲直对比

图形形状或者文字的外边缘既可用直线表现，也可以用曲线的形式存在，当两者同时存在时，可以丰富版式设计的画面层次，增加画面细节和可看性。如一汽-大众T-ROC探歌广告《且行且歌》（图4-16），运用了曲线和直线相搭配的形式，将曲折的道路设计成乐器和音符，完美诠释了主题中需要包含的关键词："路""歌"；而在篮球商业广告招贴中（图4-17），字体在设计上轮廓以曲线为主，与画面主体物更加贴合，丰富了画面。

图 4-16　一汽 – 大众 T-ROC 探歌广告《且行且歌》设计
（中国大学生好创意第 11 届大广赛获奖作品[1] 参赛编号：A03-19-064-0020）

图 4-17　篮球商业广告招贴

1. 中国大学生好创意第 11 届大广赛获奖作品 http://www.sun-ada.net/html/2019zhanbo/a1.html

4. 明度对比

明度对比指同一版式中的颜色在明度上存在较大的差异，在明度有差别的情况下，明度高的颜色在视觉上会相对靠前。靠前的元素，更容易成为视觉焦点，而靠后的元素更多起到了烘托氛围的作用。例如，"老友·家·生活"活动海报设计（图4-18），运用了以明度较高的红色铺色，将人的视觉聚焦于文字内容；而背景明度相对较低，具有烘托氛围的作用。

图4-18　"老友·家·生活"活动海报设计

5. 轮廓对比

同一主题从不同角度去观察、拍摄、设计，可以得到不一样的轮廓，这种设计手法又被称为正负形。一个正负形设计所隐含的往往存在两种意义，这种表现手法对设计师的创意要求较高，需要通过想象力达到有趣的效果。例如，《龙虾（The Lobster）》电影宣传海报（图4-19）中相拥的人与《怪物先生》电影宣传海报（图4-20）中在楼宇组合中出现的怪物轮廓，都用的是轮廓对比的手法。

图4-19　《龙虾（The Lobster）》电影宣传海报（Element Pictures 出品）

图4-20　《怪物先生》电影宣传海报（上海柠檬影视传媒有限公司出品）

6. 方向对比

方向对比在版式设计中指画面元素或者文字方向朝不同的方向进行排布。当元素朝向不同的角度排布，画面往往显得充满活力、妙趣横生；而文字以横向和纵向相互组合同时运用在版面中，可以增加版式的丰富性。例如，义乌中国小商品城《购物者的天堂》广告设计（图4-21），角色朝向四面八方，让画面充满新意和多样性；陈漫摄影及国画作品巡展《东·西》宣传海报（图4-22），版面中横向文字和纵向文字相互交错，增强了版面的可读性；深圳平面设计协会2012—2013年会员年鉴海报设计（图4-23），文字围绕画面主体物，方向上朝往四面八方，显得版式上细节丰富，耐人寻味。

图4-21 义乌中国小商品城《购物者的天堂》广告设计（创作人：何姝林，指导教师：周婷）

图4-23 深圳平面设计协会2012—2013年会员年鉴海报设计，华思品牌作品（原刘永清设计）

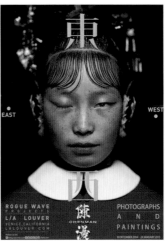

图4-22 陈漫摄影及国画作品巡展《东·西》宣传海报

二、对称与均衡

对称与均衡是一对统一体，常表现为既对称又均衡，实质上都是求取视觉心理上的静止和稳定感。在对称中，有相对对称、绝对对称、非对称均衡等类型。

相对对称的设计是一种静态的、可预见的、讲究条理和平衡布局的设计，但两者之间有些许差异，如兰卡威旅游宣传海报设计（图4-24）、拒绝酒后驾驶公益宣传海报（图4-25）、《And Then I Was French》电影海报设计（图4-26）。

绝对对称庄重、严肃，但处理不好容易单调、呆板；非对称均衡指版面中等量不等形，而求心理上量的均衡状态，是常用的一种编排设计方式。

图4-24　兰卡威旅游宣传海报设计

图4-25　拒绝酒后驾驶公益宣传海报（创作人：刘念慈，指导教师：霍磊）

图4-26　《And Then I Was French》电影海报设计（创作人：Scott Woolston）

三、节奏与韵律

节奏与韵律来自音乐的概念，也是版式设计中常用的形式。节奏是均匀的重复，是在不断重复中产生频率节奏的变化，如心脏跳动、火车声音、春夏秋冬的循环等。而韵律不是简单的重复，而是比节奏要求更高一级的律动，如音乐、诗歌等。就版面来说，无论是图形、文字还是色彩等视觉要素，只要在组织上合乎某种规律时所给予视觉和心理上的节奏感觉，就是韵律[1]。

1.黄曦.浅谈编排设计的形式美法则 [J].青年时代，2017，15:25-27.

1. 节奏

节奏是一种富有规律的重复跳动，是在不断地重复中产生出的节奏变化。将版面中的视觉元素按一定的规律进行重复地排放，能带给观者视觉上与心理上较为明确的节奏感。

例如，富有节奏感的摄影作品（图4-27），根据模块大小及颜色，可以把它们通过圆点（即雨伞）来表示，顺着圆点往下看，可以感受到一种节奏。这种通过大小，疏密、重复等将各种元素加以整合，形成统一的、连贯的、悦目的整体。

图 4-27　富有节奏感的摄影作品（来自：色影无忌 官网）

节奏在很大程度上是取决于感觉的，因此很难找到绝对正确的答案。虽然如此，却可以反复运用某些能够产生节奏的基本构成要素，也就是说可以对某种形式进行重复，在这种形式中加入某些变化或者不同的元素就是所谓的"使节奏发生变化"。一旦开始注意节奏，那么除了使其发生巨大的变化以外，还可以通过对大小或强弱地调整来使版面呈现出一些细微的变化。

如果完全不对形式做任何改变，那么读者就无法从中感受到节奏，如图4-28所示的颜色方块组合排列效果图。这可以换成另一种说法，将其称为平缓的节奏。

图 4-28　同颜色方块组合排列效果图

通过对有规律的形式重复，可以让人感受到某种节奏，如颜色规律变化方块组合排列效果图（图4-29）。

图 4-29 颜色规律变化方块组合排列效果图

如果在一系列节奏中加入某些不同的元素，那么构图就会发生变化，这个与其他部分不同的元素就会成为页面中的重点内容，如方块、圆形组合排列效果图（图4-30）。

图 4-30 方块、圆形组合排列效果图

2. 韵律

在平面设计的编排法则中，所谓的韵律是从节奏中升华而来的，它不是简单的重复，而是具有抑扬顿挫、轻重缓急的律动感。我们可以通过对版面中的图形、文字等视觉元素在大小、位置等方面的变化，使版面呈现出具有鲜活生命力与韵律感的视觉效果。

在平面设计中，将版面中的图形元素以一定的变化手法进行排列，也能够使版面产生出明确并具有流动性的韵律感。例如，箭头延伸平面设计中（图4-31），设计师通过将造型相似的箭头向远处延伸，用线的波动组成了路面，而每根箭头又长短不一，使整个版式产生出一种柔和、流动的韵律感。这样的编排方式，也为整个版面增添了一丝运动与活力的氛围。

图 4-31 箭头延伸平面设计

韵律的变化，让人的情绪和视觉都跟着画面产生了极大的波动，由沉闷到活泼，仿佛人的情绪也从压抑到活泼发生了转变。反之，没有任何节奏的画面会让人感到毫无设计感、节奏感，就像一首没有起伏的曲子让人感到平淡无奇。我们都知道，音频往往用长短不一的声波图表现（图4-32），因为这种长短不一的变化感受会给人带来韵律感，所以也有以这种形式来编排文字以表现韵律感的系列广告作品。在广告设计作品中，在无须让人长时间阅读的文字上，我们就需要调节每行文字的长短，形成一种韵律，让其看起来美观且不枯燥（图4-33）。在很多网页Banner的设计里，就用到了这样的设计手法，如电商网页Banner设计（图4-34）。

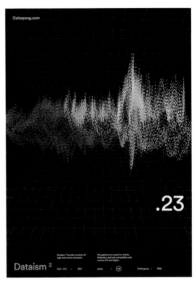

图 4-32 声波主题设计海报

最小挡位几乎听不到声音，像小时候奶奶轻摇的大蒲扇，舒适、安静，缓缓带走体表热量，不易受凉。内设电池，在不同场合下，可以自由切换插线和无线使用，与全新概念一同享受夏天吧。

最小挡位几乎听不到声音，像小时候奶奶轻摇的大蒲扇，舒适、安静，缓缓带走体表热量，不易受凉。内设电池，在不同场合下，可以自由切换插线和无线使用，与全新概念一同享受夏天吧。

图 4-33 相同文字不同长度编排的韵律对比

图 4-34　电商网页 Banner 设计

　　文字和图片分别以不同的方式排列，读者能够感受到不一样的韵律。音乐会海报（图4-35）版式上整齐的排列给人以舒缓放松的感觉，而圆弧形的元素也能让人感觉到轻盈和放松；而线性元素海报设计（图4-36）中锋利而交错的直线可以传递出兴奋的感觉，这样的韵律感能使读者的视觉神经以较快的速度兴奋起来，设计师可以通过韵律的波动让人感受到不同情绪。

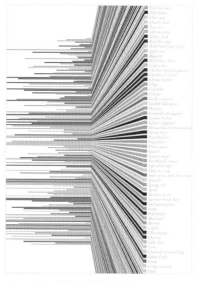

图 4-35　音乐会海报设计　　　　图 4-36　线性元素海报设计

当然，版式设计中，韵律也离不开各部分的优先率。画面中，各部分内容所占的尺寸比例，在设计领域内被称为优先率。如果杂志页面整体内容的优先率比较高，那么页面的内容就会富有变化，产生富于动感和节奏的效果。相反，优先率比较低的杂志页面就有可能给人带来稳定平整的印象。

在设计各部分内容所占面积的大小时，必须要基于杂志定位的思考同时来进行，如寿司主题版式设计在不同优先率下的效果对比（图4-37）。左下方图片中的各部分内容，虽然也有面积上的大小变化，但是大小的差别并不明显。如果像右下方图片这样提高优先率，那么各部分内容大小的差别就会比较明显，突出了重点，也从而使画面充满韵律感。

图4-37　寿司主题版式设计在不同优先率下的效果对比

四、虚实与层次

在版式中，将次要的物体采取隐退法来使主体表现物更加明显，可以采取让色彩的黑白灰的虚实关系或图和底的虚实关系区分主次，也可以采取渐变的形式，比如形的放大或者缩小，抑或是采用近实远虚的原理来增加版面的层次感，好的虚实关系会使主题更加鲜明，打造视觉焦点。

1. 留白意识

版式设计中，一定要充分发挥留白的作用，有意识地、有目的地去留白。留白可以给画面带来更广阔的空间，使画面主次分明、主题突出、虚实得当、空灵有趣，达到言简意赅、此时无声胜有声的意境效果。只有这样，才能使版面发挥更大的作用，体现其价值，也只有这样才会使读者在轻松、愉快的氛围下接收和了解信息。设计师要善于留白，运用辩证的理性思维方式，对设计元素进行规划安排亦是对留白处的审美思考，在这种权衡的过程中渗透着设计师对版面空间形式的敏感与激情。

2. 层次意识

层次一词在现代汉语词典有两种含义：一是指说话、作文内容的次序；二是指同一事物由于大小、高低等不同而形成的区别。由此可见，次序与对比是层次内容核心所指，主次分明、次序井然是层次关系的目标。在版式设计中构成画面层次关系主要因素有肌理、黑白灰以及虚实对比关系等。有的设计师在版式设计过程中总觉得画面缺乏张力，显得有些"板"。究其缘由，缺乏层次对比关系可能是其中重要原因之一。

层次就是各种对比关系的具体体现。在平面设计中，层次具体表现在两个方面：一是利用不同肌理对比产生视觉上的虚实节奏感；二是利用黑、白、灰明度关系形成一种前进与后退空间感。通常而言，设计师有了较好的创意构思之后，会选择适合而有效的表达形式来进行设计，建构有效的版式形式则需要设计师对各个设计元素之间的一些属性综合起来加以考虑，反复比较、权衡轻重。

五、变化与统一

变化与统一是形式美的总法则，是对立统一规律在版面构成上的应用。两者完美结合，是版面构成最根本的要求，也是艺术表现力的因素之一。变化是一种智慧、想象的表现，是强调种种因素中的差异性方面，造成视觉上的跳跃。

统一是强调物质和形式的一致性，最能使版面达到统一的方法是版面的构成元素要少，而组合的形式却要丰富些，如版式设计方案参考样式（图4-38、图4-39、图4-40）。统一的手法可借助均衡、调和、秩序等形式法则。

统一与变化，是统一美中不变的主题，统一是主导，形成版面整体感；变化是从属，避免版面的单调和死板。

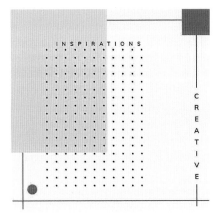

图 4-38　版式设计方案参考样式

图 4-39　版式设计方案参考样式

图 4-40　版式设计方案参考样式

第三节
整体性

一、版式设计中的整体概念

整体，是版式设计的前提。好的版式设计，最终目的是使版面具有条理性，更好地突出主题，达到最佳的设计效果。

不管是艺术还是设计，都需要建立信息等级，以明确的主次关系传递设计主题。素描可以通过明暗关系的对比来强调画面的效果；色彩也能通过冷暖色调的对比来表现空间与光影，突出对主体的烘托。而版式设计中，同样把主次关系放在首位，从而提示阅读者哪些是重要的信息，在哪里能获得重要的信息。

面对纷乱繁杂的信息，版式设计就是要从混乱和随意中找到条理，给读者提供明确信息。成功的版式设计应该使读者知道哪个信息最重要，按什么顺序来阅读，从而知晓所要表达的主题，这种依信息主次的设计，称为信息等级编排。

1. 信息等级的建立

在具体设计前，围绕主题，对文本信息进行认真分析和提练，将文本中相互关联的内容归为一类，依信息主次建立信息等级，编写设计大纲。例如，将一级标题、二级标题、三级标题、正文等进行树状排列，这样设计便于对各级标题及正文的字号、字形、色彩进行总体的把握。信息级别的寻找通常以三到四个级别为宜，过多也会造成混乱。事实上，设计大纲一旦编写完成，明确的分区也就自然建立起来了。

2. 表现元素的选择

构成版式设计的四大元素是标题、正文、图形、色彩，我们将此称为版式中的可见元素或称正形；不可见的元素是空白空间，又称负形。在对文本信息进行分类的前提下，选择可见元素中适合传递主要信息的最佳元素，比如图形或标题等。在选择时必须要随时想到元素中哪些典型的方面或部分能够集中地提示信息，只有通过对文本信息的具体分析，才能在设计中以独特和精确的形式表现主题，使信息传递清晰连贯而不至于本末倒置。整体概念就是建立在主题思想的单纯而突出的表达之中。

将编排元素抽象化，用以研究黑、白、灰的整体布局，我们发现，在版式设计课程的学习中，容易关注版式设计中的一些细节，诸如变体字的造型、文字绕图排版、图形的特效、过多变化的色彩等，而忽略了版面的整体构成，但这却是版式设计中应该最先建立的概念。学习时，应有意识地将编排元素抽象化，用点、线、面来代替具体的编排元素。

　　抽象，就是大脑在完全超脱了具体事物的形象或完全不受它们约束的情况下所进行的组织活动。抽象的形便于我们抛开细枝末节，从整体上去把握各编排元素间的构成关系，同时也便于我们运用平面构成中黑、白、灰的构成原理来分析版式中的整体布局。

　　在版式设计中，图形与图形、图形与文字、文字与文字之间都是可见的形与形之间的构成关系，经过一定时间的训练能很快掌握；不易掌握的是编排元素与空白空间之间正负形的构成关系，这一点在设计中很容易被忽略。在作品分析中，将作为正形的编排元素与作为负形的空白空间在视觉上看成一个整体，将其统一归纳为黑、白、灰三种空间层次关系。通过黑、白、灰的明度对比，使主题元素更加突出，各编排元素之间建立起先后顺序，使信息层次更加分明。

　　版式设计中如何把握正负形之间的整体关系呢？不妨用平面构成的原理来进行版式分析。正负形之间通常表现为三种形态：

　　第一，正形大于负形，并且在感觉上是明亮的，易于从背景中突出。例如，图4-41所示的正形大于负形版式设计，标题、正文、图形在版面中面积较大，但排版舒适简洁，阅读舒适。

　　第二，正负形反转，这是形与形构成的一个特例，通常在版式中很少运用（图4-42）。

图4-41　正形大于负形版式设计

图4-42　正负形反转版式设计

第三，正负形等值，当形的面积之和与空白空间面积之和接近时，如果正负形之间连续并穿插在一起，形就处在断裂的状态，形的呈现就会含糊而不明确，这也就是我们常说的版式很乱，这时就需要将正形进行聚合，构成一个整体形。一旦正形有规律可循，负形也会整体明确，整个版式就会变得非常简洁，如正负形等值版式设计（图4-43）。

图4-43 正负形等值版式设计

3. 简洁的图形构成版式的整体感

整体而不杂乱的版式设计取决于三个方面：其一，编排元素所形成的外轮廓形；其二，分区所形成的外轮廓形；其三，空白空间所形成的负形。形与形之间只有具备简洁的外观，才能使版式呈现出整体的视觉效果。

简单，主要是从量的角度去考虑。它是指某一个样式中只包含着很少几个成分，而且成分与成分之间的关系很简单。如果用这种简单的形式传达一种简单的信息，肯定会产生出简单的结果，在设计中，只能导致某种厌倦感或单调感。

简洁在设计中具有与简单相近的另一种含义。好的版式设计是把丰富的意义和多样化的形式巧妙地组合在一个统一的结构中，在这个整体结构中，所有的细节不仅各得其所，而且各有分工。因此，就绝对意义而言，当一个版式只包含少数几个结构特征时，它便是简洁的；就相对意义而言，如果一个版式用尽可能少的结构特征把复杂的编排元素和信息组织成有秩序的整体时，我们就说这个版式的设计是简洁的。任何简洁的形式最终都要传达出一种远远超出形式自身的意义，让读者有回味的余地，如问号轮廓版式设计（图4-44）。

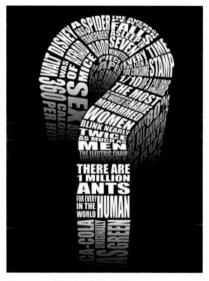

图4-44 问号轮廓版式设计

构成简洁的方法有以下几种：

（1）使图形具有对称和规则的轮廓线

根据平面构成的原理，左右对称的形比左右不对称的形容易成为图，同时形的轮廓线越单纯越容易成为图。在版式设计时，我们要习惯将编排元素抽象化，将它们归纳为抽象图形，并使形的外轮廓呈现出对称性和单纯性，如图4-45、4-46所示。

God does not endure the crime which see s the people to mass a cre mutually, therefo r e decision reconstruc tion world of humanbei ngs,only then Noa isres cued, the hu m anitymassacres the worst result also nothi ng but is mutually the c omplete deconstruction, God is only does not en dure to put in nearly all people in the flood rainstorm,

crime,then lets the pe ople language not pas s again,therefore no l onger the unity canno t continue to make th e tower again,

this is He Zhong does not endure?! The people make the exceedingly high Babylon tower,wants to go to have a look at the God Jehovah's homeland, God to worry that the people

the huma n wants to visi t God's family is the crime, God steal s peeps person's priva cy is looks after?!The be lief is one spiritual repos ing,believes one spiritual strength. The human,can not not believe! The rec ollection believes in the lord these days,I exper ience to the main lead ership,feels deeply main to my blessin g. Before advoc ating Jesus to become my foot's lamp, on road's light.

when I entered the stadium, you'd better concentrate, because I will Go all out. " JAMES

图 4-45　轮廓线型版式设计

图 4-46　轮廓线型招贴设计

（2）整体形应具有简洁性

版式设计是由各编排元素的抽象形共同构成的整体结构，这个整体结构也同样呈现出形的特征，当整体形比各个组成部分的形的简洁程度高时，版式就显得简洁，整体就愈显得统一。但是，如果各个组成部分的形比整体的简洁程度高，那么，这些部分形就会从整体中独立出来，从而破坏整体形的简洁性。

（3）空白空间应具有形的性质

版式中的空白空间是提供视觉休息的地方，位于图形与文字之后，但它不仅仅是作为设计的背景而存在，空白空间决定版式设计的整体效果，它是一种实实在在的形状，与其他编排元素共同构成版面中虚与实错综复杂的空间层次。版式设计中，空白空间形的性质越明确，形状越有规律，衬托出其他编排元素相互间的构成整体性就越好。因此，空白空间应该被和谐、均匀地用在设计中，而不是被分割得四分五裂。在白色与黑色的平衡关系中，如果黑色偏多，读者会感觉到一种压迫感；随着白色所占比重的增加，读者就会相应地感受到一种宽松感，如版面黑白平衡关系图（图4-47）。设计过程中，要经常审视负形呈现出的整体形状。

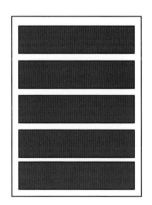 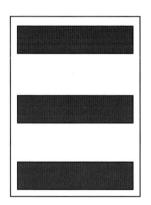 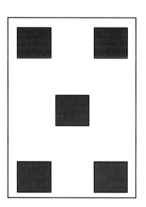

图4-47　版面黑白平衡关系图

二、通过版式的语言分析建立整体概念

在版式设计中需要进行信息等级的处理以建立整体概念，如何将抽象化的编排元素用以研究黑、白、灰的整体布局呢？

1. 版式设计中，信息等级处理是设计成功的关键

首先，面对一项设计任务，必修认真阅读文本，通过信息进行分类和归纳，在文本中将信息等级——标注清楚，诸如标题、副标题、子标题、引文或说明文、正文等，做到心中有数，这样，在设计时就能有意识地将同类级别的信息合并在同一个区域内。

2. 理解黑、白、灰关系在建立版式整体概念中的作用

在分析作品中黑、白、灰关系时，首先要分析哪些是不可变元素，哪些是可变元素。编排元素中，图片是由摄影师提供给版式设计师的作品，通常为不可变的元素。因此，在有图片的编排中，首先要分析图片的明度关系，由此决定其他编排元素在版式中的明度关系，完成版式整体的黑白灰布局，如电影《炎夏之夜》（《Hot Summer Nights》）宣传海报（图4-48）。

图4-48　电影《炎夏之夜》（《Hot Summer Nights》）宣传海报

纯文本信息包含标题、副标题、引文、说明文、正文几个部分，是用来构成画面黑、白、灰关系的主要编排元素。标题区的明度关系可以通过字形、大小、粗细、色彩来表现，正文区可以通过字号、字形、字间间距、行间间距的不同选择来表现灰度层次，这些可变元素的灵活变化，营造出版面的美感和空间感，如版式设计方案参考样式图（图4-49、图4-50）。

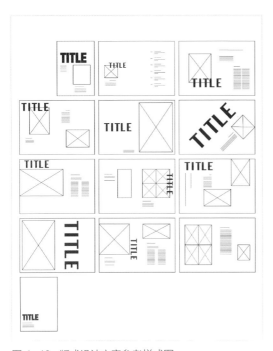

图 4-49 版式设计方案参考样式图

在某种程度上，平面设计就是形状的安排和组织，通过分析作品来建立整体观，必须在脑中抛开标题、文字、视觉资料和其他元素的含义，抽象地去看待它们。通过将编排元素归纳成几何形，便于分析形与形之间黑、白、灰的构成关系，梳理如何将编排元素进行整体设计的思路。

因此，分析一件设计作品，一定要从整体入手。

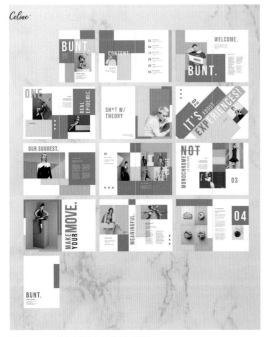

图 4-50 版式设计方案效果图

第五章
版式设计的视觉流程及栅格系统

版式设计是平面设计的重要组成部分，版式设计中的视觉流程是进行版式设计的主线和依据。版式设计的视觉流程是人在观看时候的视觉线路走向。根据人的生理特点和心理特点，人们在观看时通常是从第一感觉印象到具体信息传达，最后产生整体印象的过程。

05

第一节
版式设计的视觉流程

　　一般而言，个人浏览习惯是形成视觉流程的决定性因素。在阅读图像信息时，目光会依据由上至下、由左及右、由动至静、由明到暗的规律来移动，也会由曲线方向从版面的左上方区域逐步移动至右下方区域。而在此轨迹上的版面编排元素会获得比其他区域更高的视觉注意。

　　不仅如此，在同一个版面中，视觉分布也会有所差异。通常而言是视觉目光会侧重于版面的上方、中上方。因此在进行版面设计时，可以适当地遵循视觉流程规律来起到视觉导向作用，从而提升读者浏览信息的效率。

　　基于版面构成元素的布局顺序，可以将视觉流程归纳为以下几种类型：

　　①单向视觉流程。主要特点为内容明了、简洁、直观。

　　②重心型视觉流程。基于版面内容来确定重心区域布局，主要特点为富有稳定的视觉观感。

　　③反复型视觉流程。在版式设计中重复排列具有同一性的元素，主要特点为富有节奏感和韵律感。

　　④导向型视觉流程。通过多元化的元素布局导向引导读者视觉轨迹。

　　⑤散点型视觉流程。将版式设计元素进行散点式排列，主要特点为富有活泼感和灵动感。

　　在版式设计中，设计师会基于不同的主题内容需求而选择适配的视觉流程，从而在基于固定主题内容以及版面形式的前提下，通过视觉流程的引导，为读者提供更符合其浏览需求的趣味化感官享受。

　　进行版式设计时，为进一步提高读者浏览信息的效率并给版式设计形式增添趣味性，设计者可以通过信息群组、对比排列、呼应构成的方式进行版式设计，从而基于设计方案对版式视觉流程进行创新。

一、单向视觉流程

　　上文我们提到，人眼进行视觉信息获取时，更加倾向于由左到右、从上至下的浏览顺序。因此在版式设计时，应用单项视觉流程可以显著提升主题表达的逻辑性，从而为观者呈现更为简洁的版式设计效果。而单项视觉流程可以分为以下几种类型。

1. 斜向视觉流程

斜向视觉流程主要是指人的目光从左上角向右下角直线偏移的运动轨迹，其动态变化过程会使人感受到一定速度感和节奏感，从而紧紧抓住读者的注意力。斜向视觉流程适用于表现快节奏的运动类主题（图5-1）。

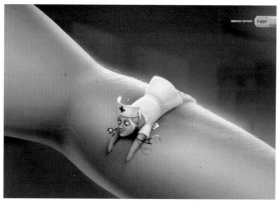

图5-1　B-good创可贴创意平面广告

2. 纵向视觉流程与横向视觉流程

前者更加顺应大众常用的浏览方式，纵向排版可以给读者一种直观、明了的体验。而后者所应用的横向排版，可以使得画面更为稳定和端庄，带给读者一种踏实、真实的直观感受。这两种视觉流程都适用于一些表述真实性、客观性的主题设计需求（图5-2、图5-3）。

图 5-2　2019 年戛纳广告节铜狮奖：珍宝珠：A SWEET ESCAPE

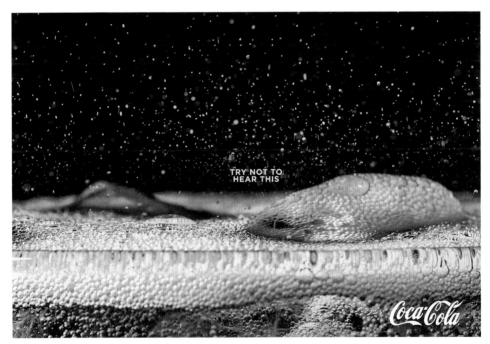

图 5-3　2019 年戛纳广告节金狮奖：可口可乐：TRY NOT TO HEAR THIS

二、曲线视觉流程

曲线视觉流程是一种具有运动感、流畅感的视觉感受，在排版时会将编排元素按照曲线轨迹进行布局，使得画面内容具有多变的方向性，从而带给读者一定视觉韵律（图5-4、图5-5）。

图 5-4　SONY 摄像头系列精彩创意广告

图 5-5　herbal 防脱发草本精华洗发水平安广告

三、反复的视觉流程

反复的视觉流程会带给读者一种安定感。按照一定规律，将具有同一性的视觉元素进行重复排列，在视觉上可以产生有规律、有节奏的变化从而产生视觉定式。

1. 重复视觉流程

将具有同一性的视觉元素按照一定节奏规律重复排列，通过视觉定式营造统一感和秩序感，从而带给读者以安定之感。

2. 特异视觉流程

在富有秩序感的重复排列中，特意安排一个或多个突破秩序规律的视觉元素，打破图案中所呈现的视觉定式，从而为整个版式设计增添不规则感，使其成为全部编排布局中的视觉焦点（图 5-6）。

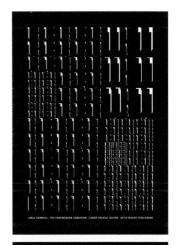

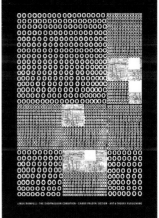

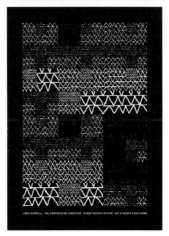

图 5-6　The Shopmodern
Condition（Linda Rampell）

四、散构的视觉流程

在版式设计中将编排元素以散乱的构图方式进行布局，从而通过毫无规则感的视觉流程，营造富有偶然性、随机性的空间感。此种随意的布局方式可以激发读者的探索欲望，在无序中构建一种新的秩序，体现自由的动态美感（图5-7）。

图5-7 英国 Mr Kipling 食品系列创意广告

五、导向的视觉流程

导向的视觉流程具有极强的目的性，这主要通过在编排布局中合理布置诱导元素，从而对读者视觉移动轨迹产生一定引导性，使其能够沿着设计者设计的主次来获取作品信息。导向型的视觉流程引导方式较为多元化，涵盖视线导向、形象导向、首饰导向、无形导向或是文字导向等，还包括自由导向视觉流程、发射式视觉流程、十字形视觉流程等（图 5-8）。

图 5-8 巴西 Mini 创意宣传广告设计

六、重心视觉流程

在每一个设计版面中，都会存在一个集中引导视线的导向重心，从而在画面中产生较为强烈的视觉对比，使得主体形象更加鲜明。而版面视觉重心的位置在很大程度上决定了读者浏览时的直观感受。若视觉重心过于偏离版式中心，可能会给人以不稳定感，比如通过极为突出的图片素材或文字标题来占据大部分版面或是将其完全充斥于版式之中，就会导致版面重心偏移。

把版面中的排版元素进行区域集中表达从而传递重点信息的设计方式称之为重心视觉流程设计，简而言之，就是将可视编排元素集中布局至版面某一特定区域，使其成为画面重心，从而重点突出主题信息要点。版面重点的设置可以以直接或间接的形式来进行主体意蕴的体现（图5-9）。

图5-9 2019年戛纳广告节获奖作品

七、最佳视域

通常版面设计中的视域分布也会随区域的不同而产生不同的诉求力，如上部区域大于下半部，左半部区域大于右半部区域，而不同的视域重心也会使得版式呈现不同的视觉效果。若集中在上半部分，则会给人以漂浮、轻松之感；若集中于下半部分，可能会给人以低落、消沉的感受；集中于左侧则会使人产生舒适、自然之感；而集中于右侧则会使人感觉到局限、紧张。由此可见，版式设计的最佳视域集中于左上部与中上部，这也是通常我们所看到的平面广告中将重点标题和内容置于左上角的原因（图 5-10）。

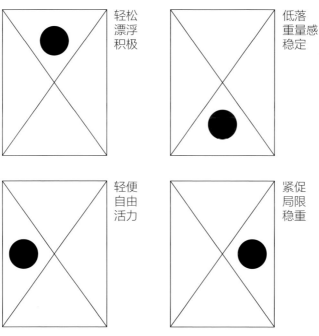

图 5-10　不同视域重心效果分析

第二节
版式设计的栅格系统

一、版式设计的栅格系统概述

为了使版式设计更为井然有序，可以通过水平和竖直的直线，把版式设计图分为小单元网格，从而避免版面出现杂乱无章的现象。设计者将不同版面元素基于设计原则进行布局安排，并将其在多页面排版等场景中进行统一应用，就可以依据同一原则分割版面进行布局的方式定义为栅格系统。通常版面设计内容决定了网格中单元格的数量，而单元格的位置则取决于内容信息的主次布局。当已经获得图形素材以及文字内容时，设计者要切实从读者的角度出发，了解其浏览需求，并基于相关内容对单元格区域和大小进行适当调节，并根据网格设计要求填入版面元素。

秩序感、现代感以及对分割比例的重视，是网格设计的重要特点，其不仅具有极为强大的功能化、快捷化、几何化优势，同时能够灵活地实现版面元素的归纳整合，使其能够基于设计需求选择平衡或非平衡状态，由此极大地增强了版式设计的可读性。不仅如此，设计者可以基于内容需求对栅格系统中的版式模块进行合理区块划分，因此对于空白空间的灵活规划也是栅格系统设计的重要优势所在。

1. 确定栅格系统的类型和风格

栅格系统需要基于不同读物的版面需求而灵活选择。因此，在进行版式创意设计前必须要确定设计对象以及主题的排版需求，从而选择合适的栅格系统。比如设计儿童读物可以选择较为宽松的栅格，而设计新闻刊物就需要布局更为紧密的栅格，设计时尚类杂志则需要选择更加具有可塑性的栅格。

2. 确定版心

在进行版式创意设计时，需要考虑图片素材与文字的版块占比，即版心。版心的布局可以基于设计主体的内容、题材、开本区域、设计成本来进行综合考量。

3. 确定栏的数量

栅格系统中通常设有横栏、竖栏、半栏、多栏、双栏等，其作用是确定编排素材的位置区域，从而保证栅格系统中各个版块能够有序展开。通栏的设置也是进行版式设计的必要环节。

具体分栏格式的选择需要依托于版块形状、文字内容数量、字体设置等多种编排元素的布局来进行综合考量，同一版面中也可以应用多种分栏形式，从而提升版式设计的丰富性。

版面中一行文字的总宽度，也称栏目宽度。通常而言，当文字过多时，会导致版式设计效果过于压抑，引发读者视觉疲劳。同时要求中文段落中行距要大于字距，栏距要大于栏目间距，而栏目间距的设置必须要综合考量插图、群组等版面元素的布局要求。

双栏

在版式设计中最为常用的分栏方法就是双栏法，此种分栏方法相对较为简单，仅需将版面纵向分为两份，并将版面元素整齐地布局于栏目之上。由此使得版式设计更为简洁明了，中规中矩的版式可以将图片和文字有序、完整地呈现在画面之中，使得读者的信息浏览效率显著提升。

三栏

相比于上文所述的双栏分栏方式，三栏分栏方式相对更加具有灵活性。其可以为版面提供更加丰富的图片布局方式，比如可以同时将大图置于通栏，而将小图置于分栏。在此种分类方式中引入了"并栏"的概念，即在确定好栏数后，通过栏的归类重组或整体合并，使得版面更加具有简洁性（图 5-11）。

图 5-11　2019 年戛纳广告节健康狮奖：宜家《ThisAbles》

四栏

与三栏分栏方式相比，四栏是建立在双栏的基础上再次进行中心等分，使得画面给人以更加舒服和均衡的观感。但是由于页面被再次分割，每栏的宽度会相对变窄，因此读者在进行文本阅读时会受到一定局限。所以四栏分栏方式更加适用于设计信息较为简短的期刊或是杂志，比如影评、新闻简讯、产品简介等。

但是分栏方式的应用，并不局限于某种固定题材。比如一些文字内容较多的文章，也可以通过四栏的分栏方式来进行重点区分（图5-12）。

图5-12　2019年戛纳广告节创意实效狮奖：家乐福《Black Market》

五栏

基于前文所述，我们可以发现版面设计的分栏方式有多种用法。而并栏的设计方法则会更多地用于五栏或是数量较多的分栏方式中。目前已有许多期刊在版式设计中应用五栏排版方式，但其在应用时往往会通过并栏技巧，对页面进行二次设计，使得版面元素的布局更为灵活和充满趣味性，同时又遵循了一定的设计规律与视觉流程。不仅如此，通过五个单栏的重新布局和组合，可以形成"23并栏""32并栏"等版面格局，使得版式更加具有创意性。

通过并栏技法的巧妙应用，可以从数量更多的分栏中整合设计出多样化的版面视图。比如六栏分栏法可以将其转变为大三栏或是"25并栏"，以此类推可以衍生出多种并栏方式（图5-13）。

图 5-13　2019 戛纳广告节全场大奖：An-Nahar《The Blank Edition》

4. 确定标题的大小和变化

在版式设计的多项编排元素中，标题起到至关重要的信息传达作用。其所处区域、字体格式、方向布局以及大小占比都在很大程度上决定了设计作品的质量。标题尽管是对全篇文章的总结提炼，但是其在版面设计中的位置往往可以随设计需求进行灵活处理，甚至一些设计作品中会直接将其插入正文文本之中加以强调，从而突破传统设计习惯的桎梏。

版式中正文与标题的设计极为重要，如其位置布局不合理，则会使得整体版式处于无序状态中。因此为了使得版式设计更为条理化，就需要合理分配文字段落的形状轮廓，同时用线性图案或空白区域分割段落，通过错落有致的排序增强版面的整体性，从而为读者呈现简洁整齐的设计作品。

5. 填入文字和确定文字字体及装饰方法

在确定版式设计中的相关内容之后，就需要对文字字体造型以及布局进行整体考虑。作为设计师，应当根据设计主题以及相关内容要求，确定字体的设计风格并选取相应的装饰方法。而字体风格同样也会影响读者的阅读体验，因此设计师必须要根据字体的特点来选择风格统一的装饰手法。

6. 填入插图和确定其位置和风格

版式设计中如果已经实现了最佳的视觉传达效果，那么插图的布局位置将不会受到版式风格的限制，但是其布局方式将会反作用于版式的视觉效果。版式设计中中轴区域和四角区域属于关键区域，如果在此位置放入适当的图片素材，将会对版式设计起到画龙点睛的视觉感受，提升整体的版面美感。

7. 确定页码位置和大小

尽管在版式设计中页码的重要程度相对较低，但是其是保证版面连贯性的关键环节，因此同样也需要设计师重视。

三、栅格系统在版式设计中的运用

针对体裁不同的刊物，版面设计需求也会存在较大差异，因此就需要设计师根据设计主题灵活选择栅格系统。比如设计儿童读物可以选择较为宽松的栅格，而设计新闻刊物就需要布局更为紧密的栅格，设计时尚类杂志则需要选择更加具有可塑性的栅格。

在实际设计中，栅格系统是经由水平构成、圆与构成、三的法则、四边联系与轴的联系、虚空间与组合、构成要素的比例、限制与选择、构成要素与程序、网页版面设计、杂志版式设计、字体设计等元素的整合，从而构建成简洁、和谐的版式。根据栅格的应用场景分类来看，其在网页版面设计、期刊版面设计以及字体设计方面都有较为广泛的应用。

第六章
版式设计的创意技巧

　　版式设计是我们日常设计流程中的基础板块，想要合理地完成创意版式设计，对于设计师来说，可是一个考验基本功的地方。

　　创意版式设计作为艺术设计的重要组成部分，简单地说，就是在版面上，将图片、文字进行排列组合，以达到传递信息和满足审美需求的作用。下面从三个方面介绍一下，什么是创意版式设计。

　　（1）易用性。

　　不管是海报、banner，还是宣传单，本质上都是一个传递信息的工具。

　　任何创意版式设计，都需要遵循版面清晰的设计法则。让整个创意设计，呈现出清晰的条理性，增强信息的可阅读性，是创意版式设计的核心魅力。

　　（2）直观性。

　　创意版式设计最理想的设计形式，就是版式设计与设计主题的创意内核完美契合。

　　这种能够让受众在第一时间，就能通过视觉冲击体会到准确的设计信息和情感，让形式与内容统一，就是我们理想中的创意版式设计。

　　（3）美观性。

　　美观并不是创意版式设计的核心。在具体的设计环节中，在保证了易用性、直观性之后，可以再通过对比、重复、对齐等设计规则，突出画面的整体设计，让整个设计作品更好看。

第一节
版式设计中文字的编排

好的版式设计，会很明确地处理图片、文字与背景之间的对比关系，以此加强平面版式的空间张力，创造出构图的重点和趣味。（图6-1）

图6-1　多种版式设计组合展示

由图6-1中可以观察出，一张海报、一份宣传单、一份杂志、一本书，要想吸引读者的视线，除了要有吸引读者内容之外，很大程度决定于版面的编排设计。设计师在构思设计一个版式时，标题、正文文字、背景、色调、留白等构成了设计中的各种元素，图文的合理运用更是版式编排设计中重要的组成部分。

不同类型的版面信息，具有不同方式的装饰形式，它不但起着排除其他、突出版面信息的作用，而且还能使读者从中获取美的享受。（图6-2至图6-5）

图6-2的杂志封面遵循着统一图形和文字边界线的编排原则，利用调整不同的字号、字距与行距的设计，突出主题。并协调文字颜色、图片的底色与人物装束色彩的统一，完善整体版面。

图6-2 《IDEAT Magazine》杂志，N147，January 2021

图6-3的海报中乐乐茶杯杯身颜色与可口可乐的经典颜色达到统一，将两者的联通点直接展示出来，运用色光和友人聚会的背景进行烘托，使用放松舒展的综艺字体表达主题，使整体视觉置身于极具感染力的空间，刺激消费者的购买欲望。

图6-3 乐乐茶与可口可乐合作海报

图6-4是《视觉传达设计》书籍封面，在整体版面使用了黑金配色，并将创意字体变形和烫金杂色纹理结合，整个版式设计具有动感和时尚感。

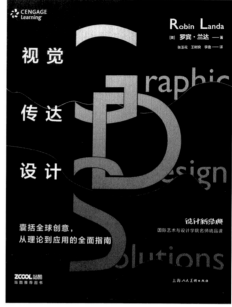

图6-4 《视觉传达设计》书籍封面

图6-5是一本季节性主题小说，绿色是春天常见的元素，封面上运用极简的编排方式增加了时尚与别致感。无衬线字体排版在这种设计上特别有效且引人注目，设计师选择小写字符，夸张的字母间距和白色字体，以强调设计的清新、轻松的感觉。

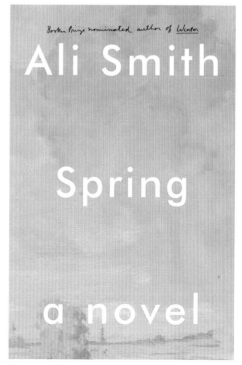

图6-5 《Spring by Ali Smith》书籍封面

一、字号、字距、行距、标题字

初学者在设计时往往会忽略文字的重要性，而文字的间距与行距在编排中常影响整个版面的观感。例如，文字排列紧密会使阅读加速，反之会舒缓阅读速度。同时还看到排列文字时，字符如同点串连成线，由线排列成面，由此形成一定的构成关系是塑造形式感的重要手段。

因此把握文字的间距、行距不仅是阅读功能的需要，也是形式美感的需要。

1. 字号

字号是表示字体大小的术语。计算字体面积的大小有号数制、级数制和点数制的计算法（图6-6）。点数制是世界流行计算字体的标准制度。"点"也称磅（P）。每一点等于0.35毫米。

标题用字一般14号字以上. 现代版面的正文用字越来越小，可以是5-7点，比9-12点显得整体。字越小，精密度越高，但低于5点以下，就会影响阅读，（图6-7）所示。

8号字

字号是表示字体大小的术语。计算字体面积的大小有号数制、级数制和点数制的计算法。
点数制是世界流行计算字体的标准制度。

10号字

字号是表示字体大小的术语。计算字体面积的大小有号数制、级数制和点数制的计算法。
点数制是世界流行计算字体的标准制度。

12号字

字号是表示字体大小的术语。计算字体面积的大小有号数制、级数制和点数制的计算法。
点数制是世界流行计算字体的标准制度。

14号字

字号是表示字体大小的术语。计算字体面积的大小有号数制、级数制和点数制的计算法。
点数制是世界流行计算字体的标准制度。

图6-6 字号示例图

标题文字要求醒目大方，标题用字一般大约14点以上，根据实际情况来确定具体大小，总之标题字号不易太小。

正文要求整洁、美观、易识别。正文用字一般为8-10点，文字多的版面，字号可以减到6-7点。

图6-7　字号例图《中国日报版》

2.字距与行距

文字的间距与行距是初学者较难把握的问题。他们往往采用电脑默认的字距、行距（图6-8）。

图6-8海报的文字部分为电脑默认的黑体字，在不改变不同文字信息之间的字号、字距、行高的情况下，视觉信息杂而多。

为了设计的需要，设计师通常对间距和行距进行调整，特别是标题文字。

例如，将主题文字拉近或分散。字距的缩小排列使阅读加速，产生整合的视觉效果（图6-9）。但过于拉近字距会影响文字的可读性，产生混淆不清的负面效果。而拉大字距虽然会影响阅读速度，但这种方式感觉疏朗清新、现代感强，目前国际上流行这种方式。字距的排列没有绝对的标准，应根据设计的需要而定。

图 6-8　默认字距与行距

图 6-9　第 9 届上海国际电影节海报

　　不同字体有其默认的字距、行距。有时出于设计的需要，作品中的部分文字字距会被调整，如刻意地拉近字距或分散字距。正文字体的字距通常不做这样的改动。为获得良好的阅读效果，一般要求行距略大于字距。

　　字体从设计到使用，其实是一个非常大的范畴。得益于互联网技术的发展，我们已经免费享用了很多字体，比如很多文印店给客户设计 LOGO，其实无非也就是筛选字体、调配颜色等流程。这的确不假，在某种层面，设计师的工作类似"组装"工作，所不同的是，组装的前提是一定要赢得字体设计背后的逻辑和审美趣味，做好风格样式调配，因为每款字体设计出来，并没有配备使用说明书，千万种可能是留给我们去发现的。

　　在平面设计中，排版看似简单（大部分人都停留在能用 word 就可以排版的认识上），其实非常考验设计师的基本功。虽然我们也大量获得了很多有关排版的理论知识，但是如果知识不能活用，没有得到实践验证时，是非常危险的。因此，在本书中，我们把自己作为设计师以及阅读者两个身份来切换思考，也许能理解得更深刻。

　　在排版前，要清楚的三个重要概念就是：字号、行间距、字间距。当然，其他相关的概念还有很多。比如字体、字体家族、粗细轻重、首行缩进、标点符号等。

3. 字号与阅读速度

字号明确了字体本身的尺寸大小。在阅读文章时，每一个文字就是一个点。点是平面构成三要素之一。字号大小的设置取决于阅读者的阅读速度。

比如小朋友和老年人的阅读速度可能不及一个有着常年阅读习惯的年轻人，那么在针对这部分人的排版当中，字号就应该设置得稍大。大家可以感受一下阅读下面左右两段文字，看看是不是较大的字号会让你的速度变得更慢。（图6-10）

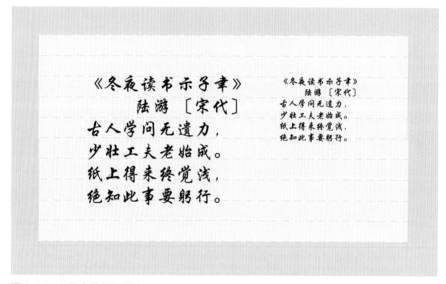

图6-10 不同字号书写展示

字号较大其阅读速度也会放慢，当然其文字的关注度也会增加，除了文字本身涵盖的信息以外，文字在放大时，笔画的细节就越来越明显，读者的注意力就会从对每个字的点的层面慢慢放大。而文字越小，阅读会变得越为快速。比如我们平时所知的快速阅读法，就是由逐字逐字的阅读变为连词阅读。

4. 字号与主次信息

我们平时在做平面设计排版时，就要考虑到受众的阅读习惯再进行设置。大号的字体更能瞬间吸引眼球，因此是主焦点所在，也是主要信息应该运用的，这时就要注意与此搭配的字号，注意在多层次的信息上字号运用需要有对比。

能与大字号进行搭配的是小字号，而且彼此最好能对比明显，这样才能形成信息的主次传递。

有些宣传方认为文字越大，其吸引力效果越强，就采用统统放大字体的做法，这样来输出信息，由于没有对比，整体版面凌乱。而完全没有考虑过读者真实的感受。

其实作为阅读的一方，平时我们在看广告牌、打开 App 浏览 Banner 时，都会因为一个版面太过凌乱而立刻切换掉这样的信息，不是吗？长期被广告轰炸的我们，其实根本不喜欢这种被信息牵着走的感觉，所以，已经掌握了可以过滤掉繁杂信息的过滤机制，保护自己的注意力。

案例分析

我们可以拿常见的网店 Banner 设计为例来说明排版中的误区，图 6-11 所示是一个看上去比较常见的设计，左图右文，排版最大的问题就是右边的文字信息过多，字体主次不太分明，造成阅读拥挤。

图 6-11 设计案例分析

下面我们逐条分析作品中的问题：

1）字体颜色单一且饱和度极高，容易让人视觉疲劳。

2）三行字体间距过于紧密，字体的字号没有区别。

3）Banner 虽说是一个非常重要的传达品牌信号、推广信息的图片，且大部分尺寸都较大，但是其中传达的信息也需要有一个视觉焦点，而不宜输出过多的文字。

作为平面设计师，也应该对文案加以考察，看文案本身是否足够精简扼要，次要的文案是否可以删掉。设计师的职责并不是"美化",而是体验感,是将自己放在接受者的角度:你愿意对方一次性就输出这么多信息,还是想慢慢一步步接受后再深入了解?

于是可以我们做下面的调整(图6-12):

1)将文字的色彩进行调整,形成阅读的主次顺序,照顾到整个 Banner 要传递的主要信息——夏季新品,放大的"夏"字再用更圆润的字体,和其他的字体相异。添加家庭氛围,使画面更加扁平化,添加符合整体画面色彩氛围的渐变颜色,以便于区分。

2)红色是非常吸引眼球的颜色,因此有些次要的文字可以不需要一直用红色,而把主题词和引导按钮用红色进行处理。

3)行距之间拉开差距,字体大小对比明显,部分文字改变倾斜方向。

4)删掉没那么重要的传递品牌价值的文案,在这里,集中传达一个信息就足够了。

5)颜色改为相对柔和的粉色,传递温馨愉悦的气氛。背景用了一些白色的线性渐变作为点缀,突出主题内容。

图6-12 设计案例分析

5. 行距:相对的距离

行距是段落上下两行文字的疏密程度。行距在文章中的作用是有效地引导阅读。行距太近会让阅读变得困难,而离得太远同样也会造成问题。

行距和形成平面构成的面这个元素是分不开的,不同的行距构成面的密度,也即是文章段落呈现的灰度。

行距和行高又是紧密不可分割的，比如字体的行距如果为行高的 1/5，就会变得太挤，不易阅读。如果我们拉开行距，使行距是行高的 1/2，则阅读起来就比较轻松舒畅（图 6-12）。

有一次司马光跟小伙伴们在后院里玩耍，有个小孩爬到大缸上玩，失足掉到缸里的水中。别的孩子们一见出了事，放弃他都惊慌失措得跑了，司马光却急中生智，从地上捡起一块大石头，使劲向水缸击去。水涌出来，小孩也得救了。

过密

有一次司马光跟小伙伴们在后院里玩耍，有个小孩爬到大缸上玩，失足掉到缸里的水中。别的孩子们一见出了事，放弃他都惊慌失措得跑了，司马光却急中生智，从地上捡起一块大石头，使劲向水缸击去。水涌出来，小孩也得救了。

正常

有一次司马光跟小伙伴们在后院里玩耍，有个小孩爬到大缸上玩，失足掉到缸里的水中。别的孩子们一见出了事，放弃他都惊慌失措得跑了，司马光却急中生智，从地上捡起一块大石头，使劲向水缸击去。水涌出来，小孩也得救了。

过松

图 6-13 不同行距与行高的效果

所以合适的行距是一个相对值，根据文章排版的实际经验来看，行距为行高的一半或者1倍都算是舒适的。

当行距为行高的1倍，看起来行距是比较宽，有些人会觉得整个段落看起来不够紧凑，但行距和行高相等时，段落看起来松散，让读者会有种和缓的感觉。

案例分析

下面以一个具体的案例来说明行高在排版中的视觉作用。这是一个家居主题的Banner设计，也许初看上去并没有什么问题（设计的问题大都是通过对比才会发现的）。

仔细看过后，我们会发现右边的文字阅读起来有点困难，这是由于行高太小而造成的。

图6-14 设计案例分析

逐条分析一下Banner中比较显著的视觉问题：

1）两行小字的行高太小，而且小字和大字彼此距离太近。

2）文字的色彩没有太多变化，不同的内容全部挤在一起，阅读起来层次感不强。

3）整体色彩有些灰暗，使家居的氛围有点暗沉（原素材需要调色处理）。

Banner设计要做到色香味俱全，除了关注布局、色彩，还需要对文字以及文字间距都要精细化处理。

为了解决这三个比较大的问题，我们做了下面一些调整（图6-15）：

1）改变小字的行高，让两行小字跟随右侧的斜线条，形成呼应，并且让小字和大字也保持距离。

2）整体文字稍微缩小，给整个版面以"呼吸"的空间。

3）"全场8折"四个字用橙色作底，橙色是温暖的颜色，给版式加暖且让文字排版多一些变化，信息层次更分明。

4）整个画面的色调更暖，配合家居的温暖氛围。

图6-15　设计案例分析

6. 字间距与字符间距

平面设计师理解的字间距，大概就是在软件中可以直接设置文字字符间距的参数值，而字体设计师的字间距是更基础的工作。字体设计中每一个文字都要设定好它们的字间间隔，太近和太远都不利于文章的阅读。而且在字体设计中，调整字间距也是一项极其烦琐费时的工作。

在汉字的书法法则中，有所谓的"行气"之说，所谓"行气"也就是一整行字体带来的感觉，这也和字间距有着千丝万缕的关系。而所谓"行气"也能形成一条线，也就是平面构成中线元素的发挥。

那么，作为我们已经设定好字间距的段落再进行字间距的调整，无非是站上巨人的肩膀再进行调试而已。所以字间距的调整也是依据原有字体设计中已有的间距上的改变，在此我们可以称之为字符间距。

字体原有的字间距

最合适的字间距，对于不同的字体来说都不一样。我们可以举个例子："华文宋体"和"思源黑体"，这两个字体形态差异很大，华文宋体的字符间距设置为 0 时和思源黑体的字符间距为 0 时，字间距的差异也很大。思源黑体的字体间距默认就很宽，大家可以用思源黑体的字符间距为 0 时来比对华文宋体字符间距为 100，其本身字间仍然是大许多的（图 6-16）。

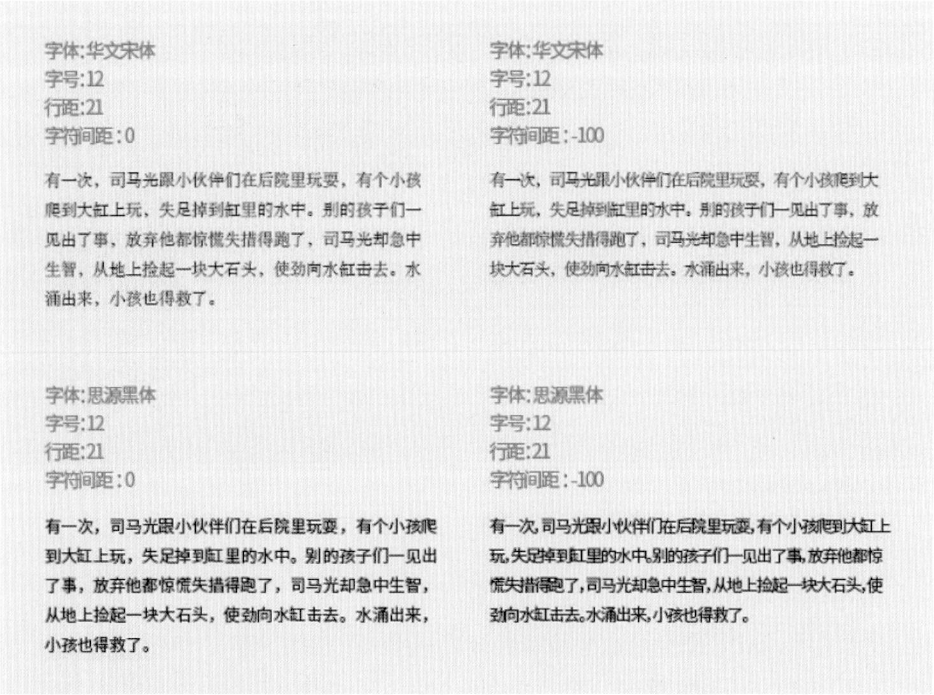

图 6-16　字间距与字符间距案例分析

7. 考虑行距的影响

我们之前讲过，行距也是影响字间距的一个很重要的因素。如果字间距大于了行距，这样的段落将是特别难以阅读的。

原本从左到右的阅读顺序，将会被更为接近的上下两行的文字，错误引导为从上到下阅读。（图6-17）

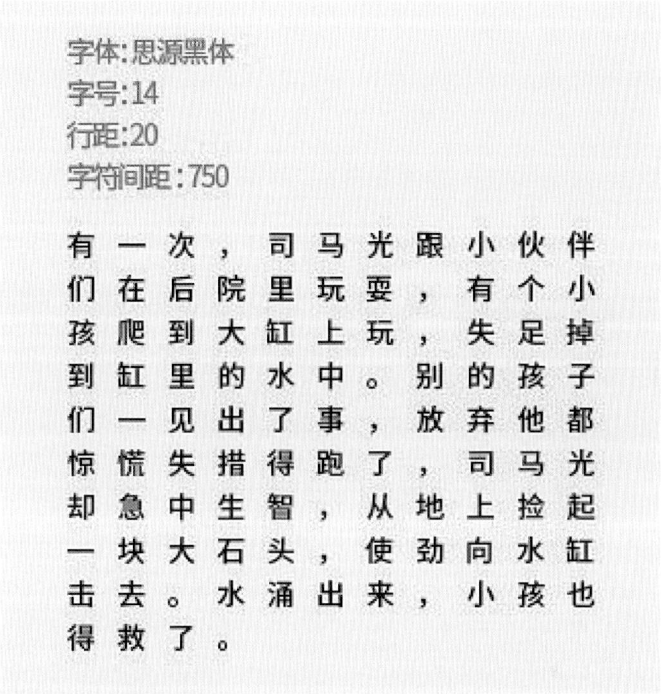

字体:思源黑体
字号:14
行距:20
字符间距:750

有一次，司马光跟小伙伴
们在后院里玩耍，有个小
孩爬到大缸上玩，失足掉
到缸里的水中。别的孩子
们一见出了事，放弃他都
惊慌失措得跑了，司马光起
却急中生智，从地上捡缸
一块大石头，使劲向水也
击去。水涌出来，小孩
得救了。

图6-17 行距案例分析

宽大字距的魅力

在海报、Banner 这类宣传品的设计中，文字通常用得比较少，也谈不上形成段落，这时字间距可以放得更开，而无须涉及行距。

不得不说，放大的字间距会显得版式疏松，体现一种宁静的感觉。（图6-18）

同样，如果你想要让你的文章看起来更轻松，也可以试着把字间距适度放大。

图6-18 中国邮政 Logo

案例分析

字间距的案例，我们同样用一个 Banner 设计来说明（图 6-19）。这个 Banner 设计也是看起来没什么大问题。唯一惹眼的就是"科技互联、引领未来"这八个字的字距过宽，字距大过行距，造成阅读时容易产生"科引，技领，互未，联来"这样的顺序。并且使用的字体本身的字距也需要进一步调整，看起来两行文字也是有些错落，视觉上不够精细。

图 6-19 案例分析

这里我们仍然调整了字体排版以及色彩方面的诸多小问题（图 6-20）：

1）调整了"科技互联、引领未来"这八个字的行距和字距，让字间距小于行距。

2）增加"2021"的光感，营造视觉焦点。

3）"掌握最黑技术、占领最大市场"这一行字增加字距，缩小字号，制造和下方英文字符截然不同的节奏感。

4）)文字的色彩有变化，让画面在此不会显得过于扁平，为了突出文字，让下方背景的色彩更深。

5）缩小左上方的"区块链"三个字的部分，给以更多的留白空间，让画面不至于内容过分饱和。

6）整体的画面做了进一步色彩饱和度处理以及其他细节的处理，让画面更具冲击力。

图 6-20　案例分析

二、字系

1. 中文字体（图 6-21 至图 6-29）

（1）宋体：无论是标题还是大段的说明性文字都可应付自如。风格古老清晰的识别性使它多应用于传统、历史题材或大量的段落性文字中。而当其作为标题运用于时尚类、文化类设计时，会体现出令人意想不到的精致美感和独特的人文气质。

图 6-21　宋体

（2）黑体：识别性强，政治色彩浓郁，用在较为正式的版面类型中。

图 6-22　黑体

（3）超黑体：平静、冷漠的乐章中浑厚的声音醒目、大方、男性化。适合作为标题出现，特别是报纸媒体。

图 6-23　超黑体

（4）大黑体：简洁而有力的字形风格定能满足设计师将城市名称图形化的创意要求，使版面醒目，富有吸引力。

图 6-24　大黑体

（5）等线体：极简风格，迎合现代人审美观。适合段落性文字，广告设计师的宠儿。

图 6-25　等线体

（6）圆体：圆润、富有亲和力。适合表现儿童、女性、食品等内容的版面。

图 6-26　圆体

（7）综艺体：在版面中适合标题、名称等住信息文字的设计。

图 6-27　综艺体

（8）仿宋体：类似手书风格，挺拔秀丽，颇具文化味。适合版面正文用于成段文字，特别是竖排时，中国传统的文化气质得以体现。

图 6-28　仿宋体

（9）楷体、魏碑、隶书等：根据版面具体内容使用。不适合做大篇幅的段落文字和说明性文字，亦不适合现代产品、服务、理念为主题的设计。如果作为版式标题、名称配合与现代字体进行编排组合，能让人体会到现代与传统的融合感。

图 6-29　楷体、魏碑、隶书

2. 英文字体（图 6-30 至图 6-33）

（1）文艺复兴字体（老罗马体）

文艺复兴字体形成于 15 世纪欧洲文艺复兴时期，它是拉丁字母的古体字，又称老罗马体。其特征是以圆形的轴线左右倾斜，粗细线条对比不大，字脚线和笔画线之间夹角成圆弧形。最优秀的字体是与法国人加拉蒙同名的字体，它纤细的字脚像头发似的细线构成了明快畅亮的调子，优雅而亲切，柔软而美观，具有强烈的装饰效果和易读性，适用于古典作品以及有悠久历史的商品装饰，今天许多国家仍把它作为最常用的字体。

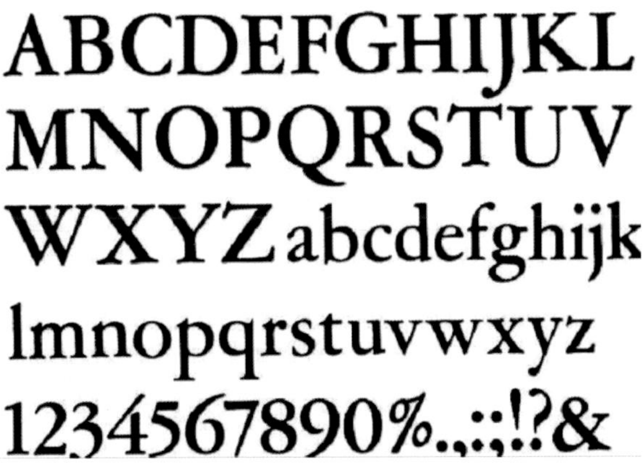

ABCDEFGHIJKL
MNOPQRSTUV
WXYZ abcdefghijk
lmnopqrstuvwxyz
1234567890%.,:;!?&

图 6-30　文艺复兴字体

（2）古典主义字体

18 世纪法国大革命和启蒙运动以后，新兴资产阶级提倡古希腊古典艺术和文艺复兴艺术，产生了古典主义的艺术风格。最具代表性的是在意大利享有“印刷者之王”声誉的波多尼体（Bodoni），它的特征是对老罗马体进行简化，增多直线，减少弧线，粗细线条对比强烈，字脚画成直线形。在易读性与和谐性上达到了更高的造诣，也是今天最受欢迎和最常使用的字体。

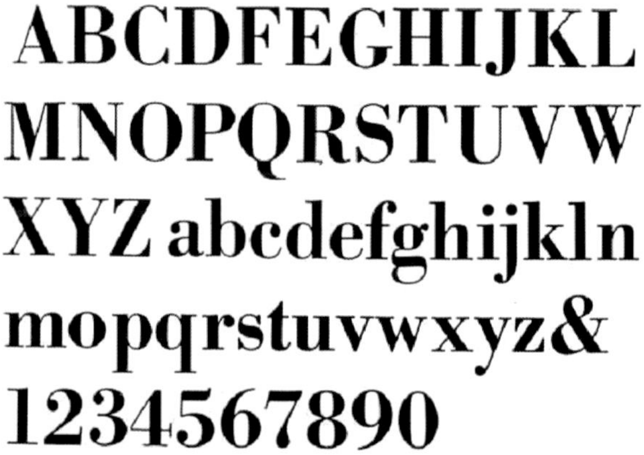

ABCDFEGHIJKL
MNOPQRSTUVW
XYZ abcdefghijkln
mopqrstuvwxyz&
1234567890

图 6-31　古典主义字体

（3）现代自由体

19 世纪初在英国产生了第一批广告字体格洛退斯克和埃及体。它们的特征是都有同样粗细的线条，前者完全抛弃了字脚，只剩下字母的骨骼，也叫无字脚体；后者是在无字脚体上加添短棒形的字脚，颇有粗犷的风格，因此又叫加强字脚体，相当于黑体字，具有强烈的广告效果，常常用于广告设计中。现代自由体发展到今天，又从斜体和民间手写体的基础上发展起数量众多的书写体，书写体活泼自由，运动感强，也是常用的广告字体。

A B C D E
F G H J K
L M N O P
Q R S T U

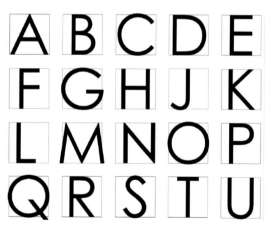

图 6-32　自由体

3. 创意字体

计算机印刷字体的大量应用带给人们缺乏个性的感觉，导致设计千篇一律，在这种情况下，设计师需要根据主题设计出具有个性风格的创意字体。创意字体具有独特性和唯一性的特点，更能够吸引人们的注意力，带给人耳目一新的感觉，从而更容易被记住。

图 6-33　创意字体

二、正文文字编排的基本形式

1. 文字的编排形式

1）左右对齐。

2）左边对齐。

3）右边对齐。

4）中心对齐。

5）文字绕图排列 。

6）自由排列。

2. 文字的横排与竖排

横排是在新文化运动之后，为了适应现代工艺和现代设计的要求而转变的一种排列方式；竖排是汉字书写的一种排列方式，它更能体现传统文化，是对古朴风格的一种情感诉求。它的灵活运用，获得了新的视觉体验，突出了所要诉求的主题。英文竖排是直接将文字做顺时针 90 度的旋转，竖排在英文中并不常见，这种排列方式只是为了特殊版面的需要，为了追求一种新奇的效果。

3. 文字的强调

1）首行的强调。

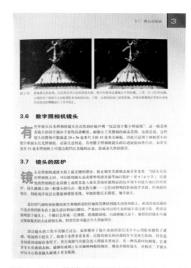

图 6-34　《基础摄影教程》Michael Langford

2）局部文字的强调。

图 6-35　ly 小重山版式设计作品

3）标题与引文的强调。

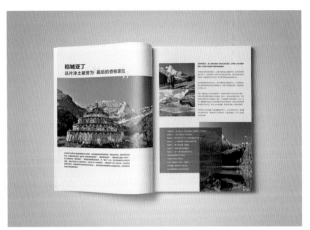

图 6-36　杜筱鱼作品

第二节
版式设计中图形的编排

一、对于图片的认识

什么是图片？

图片是有着记录功能、艺术功能、交流功能的信息载体。

图6-37所示照片作品拍摄于荷兰凡·高美术馆，大部分美术馆在一般情况下是将作品图片镶嵌在画框中储存、展示。

图6-37 《梵高在阿尔勒的卧室》，颜雪晨拍摄的凡·高作品

二、图片在版面中的作用

1. 凸显画面的主体

2. 表达直观的信息传播要素（图6-38）

这种直接放大宣传主体对象的排版方式，使读者可以清晰地感受卖点信息和服务内容。

在版式设计中通常会插入图片或者照片，将直观的视觉信息要素传播给读者。优秀的版式设计，会很明确地处理图片、文字与背景之间的关系，以此加强平面版式的空间张力，创造出构图的重点和趣味。

图 6-38　维也纳动物园宣传海报

三、版式设计中图片的处理方式

版式设计中图片的选择蕴含着深意，对所使用的图片分类，是排版前的基础工作。

（1）根据图片的功能和意味来分类。

委托方需要什么样的页面结构，根据这些具体的内容和要求，图片各自的功能和呈现方式也不同。

思考：图 6-39 至图 6-45 如何对以下用作某旅游杂志编辑的图片进行分类？

图 6-39　哈尔施塔特小镇风景宣传作品

图 6-40 （中国）颜雪晨的摄影作品

图 6-41 （中国）颜雪晨的摄影作品

图 6-42　视觉中国现代天津夜景摄影作品

图 6-43　（中国）颜雪晨的摄影作品

图 6-44 （美国）Giuliano Mangani 的摄影作品

图 6-45 国家地理杂志 2011 年人文地理摄影作品欣赏

由此可以得出，若作某旅游杂志编辑的图片可以按照场景分类：山川、河流、花草、建筑等；按照季节分类：春、夏、秋、冬等；按照地域分类：乡村、城市；按照图片远近特写分类；按照图片质量分类。

（2）按照图片的色调进行分类：亮度，互补色，邻近色。（图6-46至图6-47）。

图6-46　页面底色深沉

图6-47　页面底色明亮

（3）根据图片的构图或拍摄角度进行分类。

例如：正视角度、俯视角度、仰视角度、朝左、朝右、特写、远景。（图6-48）

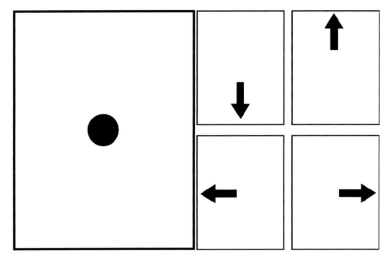

图6-48　根据构图或拍摄角度分类

四、图片素材的整理

在进行排版之前应先注意将图片素材进行优化和整理，根据不同的版式需求将图片进行合适的编辑。图片最常见的处理方式有如下几种：

1. 改变图形的形状

（1）形状变化。（图6-49）

改变图形的形状不仅可以增加版面的活力起风，还可以使整个版面中的文字与图形的结合更协调。

图6-49　不同图形变化

（2）图片与图形的设计结合。（图6-50至图6-53）

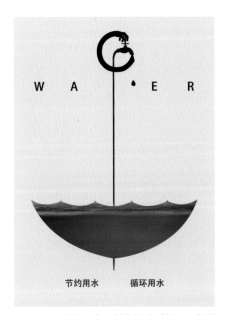

图6-50 节约用水公益海报（创作人：林晨，指导教师：霍磊）

图6-51 博弈公益海报（创作人：代南州，指导教师：霍磊）

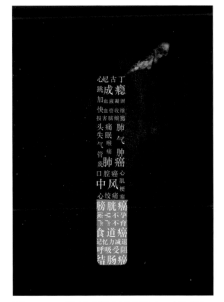

图6-52 戒烟公益海报（创作人：刘雨娟，指导教师：霍磊）

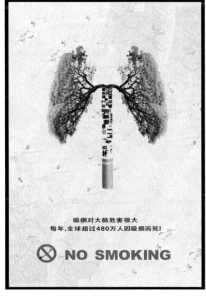

图6-53 戒烟公益海报（创作人：熊浩，指导教师：霍磊）

2. 图片进行放大缩小等剪裁手段（图6-54、图6-55）

海报来源于中国港口博物馆主办的《聆听"丝路"之音》系列海报。这张海报将展品图片放大，为了集中读者的视线大胆剪切，整体画面大幅留白，运用色彩变换和空间分割，制造神秘感，留有想象空间。在设计上尽情表现展览主题视觉意涵，增添极简、诗境的意味。

这张海报通过不同图片组合搭配并在原有的图片中进行剪裁、放大缩小、局部处理达到强烈的对比关系。

图6-54 《聆听"丝路"之音》系列海报
（创作人：鲜胜）

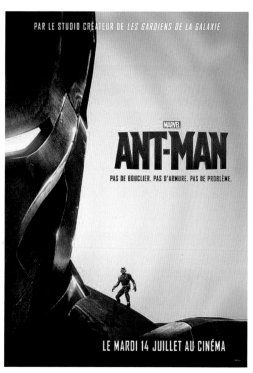

图6-55 漫威影业出品的科幻电影《蚁人》海报

3. 图片的局部处理

通常在一些凸显细节和创意表达时会将图片进行局部处理，以提开图片的氛围（图6-55）。通过局部处理，使柠檬片替换雪碧饮料瓶在水中的形态，达到此款饮料口味的双重提醒。

图6-56　雪碧新激柠饮料海报

4. 图片调色（图6-57、图6-58）

图6-56的照片拍摄于2019年7月。通过加强黑白关系、曝光程度、调整色调，提升图片的视觉吸引力。

图片调色前　　　　　　　　　图片调色后

图6-57　《洪灾前的威尼斯》（创作人：颜雪晨）

图 6-58 中底色的添加与人物装束色彩统一协调。

图 6-58 　《VOGUE MINI》电子杂志，中性革命

5. 抠图处理（图 6-58）

这个封面设计将每个魅力人物从原有的背景中抠取出来，使人物面貌视觉信息一目了然。

图 6-59 　《南方人物周刊》2020 年第 40 期封面

四、在页面中调整图片的信息层次

顺序和大小的调整首先是需要对页面结构的基本脉络和文章意图有所把握。

（1）观察图片大小的变化。（图6-60、图6-61）

在同一版面中，不同尺寸大小的图片往往影响着读者的视觉顺序。

图6-60　不同尺寸图片

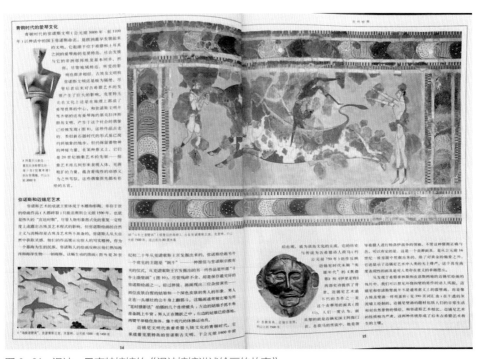

图6-61　温迪·贝克特嬷嬷的《温迪嬷嬷讲述绘画的故事》

（2）观察其群组的变化。

根据素材信息，调整相应图片的大小及位置。（图6-62）

图6-62 《BRUTUS》NO.940

（3）使用大小比例调整节奏变化以及先后的变化。（图6-63）

图6-63 Harith 浩先森作品

（4）适当使用色彩方法调整图片，控制图片在版面中的前后层次变化。（图 6-64、图 6-65）

图 6-64　HAIR MODE 2021 年 7 月号

图 6-65　ELLE 2021 年 7 月号

（5）巧妙运用图片增加画面的活跃点。（图6-66、图6-67）

图6-66　GLOW 2021年7月号

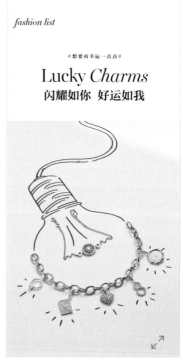

图6-67　BAZAAR 2021年10月刊

五、图片和文字的恰当配置

（1）统一图片与文字的边线。（图6-68）

该杂志的内页版式设计中，将文字和产品图片都进行了左对齐的编排处理，体现出版面的稳定感，使读者对产品产生信赖。

（2）不要用图片将文字切断。（图6-69）

该杂志内页的版式设计中，标题文字采用放大字体，与正文字体颜色均有所区别，正文采用左对齐和居中对齐的方式，使得版面错落有致，整齐而不呆板。图片与文字排列整齐，图片缩小，多而不乱。

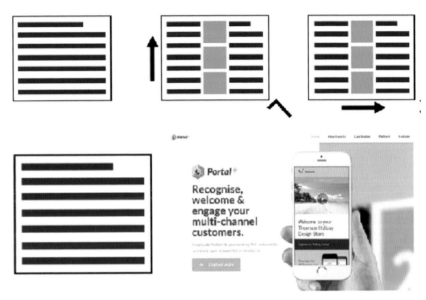

图 6-68　统一图片与文字的边线

图 6-69　不要用图片将文字切断

（3）注意对图片中插入的文字处理。（图6-70）

该网页的版式设计中，图片与说明性的文字之间采用的编排方式，体现出版面的统一性。整个版面给人规范整齐的视觉效果。

图6-70　希尔顿酒店官网 banner

六、版式设计中图形与文字的对比关系

1. 大与小的对比

大与小是相对而言的，就造型艺术而言，运用大小对比会产生奇妙的视觉效果。

版式设计中，图片与文字之间，在面的关系上可以进行大小之间的对比：大小弱对比，给人温和沉稳之感；大小强对比，给人的感觉是鲜明、强烈、有力的。（图6-71）

2. 明暗的对比

黑与白、虚与实、正与反，都可形成明暗对比。（图6-72）

明与暗的对比其实也是虚与实的对比。明暗对比可以用来处理版面上多重信息的主次关系。明暗对比所运用的其实就是近实远虚的透视原理，即以黑、白、灰的合理搭配来体现信息之间的主次关系，它不仅能丰富版面层次，还能增强作品的视觉冲击力。但在运用明暗对比时要妥善处理好黑、白、灰色块的位置和相邻色块的关系。

图 6-71　大与小对比示例图（创作人：杜筱鱼）

图 6-72　明暗对比示例图

3. 曲与直的对比

版式设计中，图片与文字之间在外形上进行曲与直、圆与方的对比（图6-73），会产生强烈的情感和深刻的印象。

在许多圆中放一个方形，方形会显得尤为突出。曲线的周围是直线，则曲线给人印象深刻，编排设计中巧妙运用，会起到事半功倍的效果。

图 6-73　曲与直对比示例图

4. 动与静的对比

版式设计中，常把富有扩散感或具有流动形态的形状以及散点的图形或文字的编排称作"动"，而把水平或垂直性强的、具有稳定外轮廓形的图片或文字称作"静"。设计中，要有意识地使静态平面具有"动"感。（图6-74）

图 6-74　动与静对比示例图

5. 疏与密的对比

版式设计中，疏密对比是指编排元素形的密度分布方式。形可能在某一区域中密分布或在其他区域少量散落（图6-75）。这种分布通常是不平均和非正式的。疏密对比可以通过以下两种方式创造出来。

（1）留白。

（2）位置变化。

图6-75　疏与密对比示例图：1SASAKI Shun（佐々木俊）

6. 虚与实的对比

将次要的辅助景物隐去，使主体表现物更加突出（图6-76）。这种手法经常在摄影中体现。编排设计时，运用此方法，可以取得相同的效果。

图6-76　虚与实对比示例图：2017年香港当代艺术展海报

七、图形与文字编排的基本形式

1. 上下分割

平面设计中较为常见的形式，是将版面分成上下两个部分（图6-77），其中一部分配置图片，另一部分配置文案。

图6-77 《VERY》2021年7月号

2. 左右分割

左右分区，易产生崇高肃穆之感。由于视觉上的原因，图片宜配置在左侧，右侧配置小图片或文案，如果两侧明暗上对比强烈，效果会更加明显（图6-78）。

图6-78 左右分割示例图：《VERY》2021年7月号

3. 线性编排

线性编排的特征是几个编排元素在空间被安排为一个线状的序列。竖向、横向或任何给定角度的一行元素都可以产生线状（图6-79）。线不一定是直的，可以扭转或弯曲，元素通过距离和大小的重复互相联系。运用这种方式构成的版式，会使人的视线立刻集中到中心点，且这种构图具有极强的动感。

图6-79　线性编排海报示意图

4. 三角形编排

正三角形编排是最富有稳定感的金字塔形，逆三角形则富有极强的动感。所以，用正三角形编排时应注意避免呆板，而用逆三角形时则应注意保持版式的平衡（图6-80）。

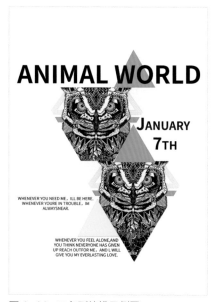

图6-80　三角形编排示例图

5. 重复编排

把内容相同或有着内在联系的图片重复，会有流动的韵律感出现（图6-81）。尤其对较为繁杂的对象，通过比较和反复联系，使复杂的过程变得简单明了。重复还有强调的作用，使主体更加突出。

图6-81　大英博物馆和阿倍野美术馆联合策展海报

6. 以中心为重点的编排

读者的视线通常会集中在中心部位，产品图片或需重点突出的景物配置在中心，会起到强调作用（图6-82）。如果由中心向四周放射，可以起到统一的效果，并形成主次之分。

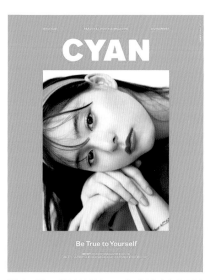

图6-82　《CYAN issue》029（1/156）

7. 对称与均衡的编排

编排元素之间在版式中以对称或均衡的形式表现。

只有在刻意强调庄重、严肃的时候，对称的编排才会显出高格调、风格化的意向（图6-83）。

图6-83 故宫博物院端门数字馆海报

8. 重叠编排

各编排元素间上下重叠、覆盖的一种编排形式，元素之间由于重叠易影响识别性，因此，需要在色彩、虚实、明暗、位置之间进行调整，以便相得益彰而又层次丰富。（图6-84）

图6-84 《HONEY》2021年4月号（15/155）

9. 蒙德里安式编排

蒙德里安式布局得名于著名抽象派画家蒙德里安的冷抽象构图风格，这种布局运用一系列水平线、垂直线、长方形和正方形，将图形放置在骨架单位中进行构图。（图6-85）

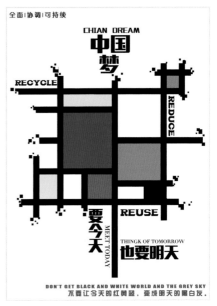

图6-85　设计师包包MeganBao海报《用红黄蓝解释中国梦》

10. 边框式编排

边框式编排常用于信息量大的设计之中，编排方式有二种：其一为文案居中，四周围是图形（图6-86）；其二为图形居中，四周围是文案。

图6-86　《Pen》2021年7月号（15/169）

11. 散点式编排

版式采用多种图形、字体。这种编排方式使画面富有活力、充满情趣（图6-87）。散点组合编排时，应注意图片大小，主次的配置，还应考虑疏密、均衡、视觉引导线等，尽量做到散而不乱。

图6-87　长崎·波佐见烧瓷器展海报

八、展开页的整体设计

文字与图形形成延续页面的设计，称为连页或展开页设计。当视线扫视版面时，首先是注意左右页或宣传折页展开的整体效果，然后才从左至右进行阅读，因此，整体设计非常重要。在整体设计中，如果只注重单页局部而忽略整体，或将左右单页分割开来编排，会造成散乱与不统一的视觉感受。

文字与图形一旦构成连续的页面设计，我们将此称为展开页设计。常见于杂志设计、宣传手册设计、网页设计、报纸设计、大型展览展版设计、系列广告设计等。

九、图片在版面中的具体布局形式总结

常规图片布局（图6-88至图6-95）：

（1）将图片置于杂志版面的顶端；

（2）将图片置于杂志版面的底端；

（3）将图片置于杂志版面的中央；

（4）灵活排版：①不同尺寸图片排版；②相同尺寸图片排版；③改变图片常规摆放方式。

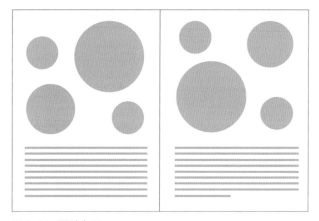

图 6-88　图片布局

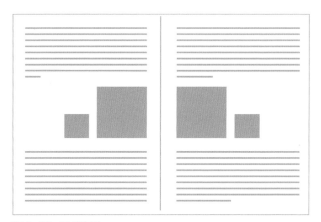

图 6-89　图片布局

图 6-90　图片布局

图 6-91　图片布局

图 6-92　图片布局

图 6-93　图片布局

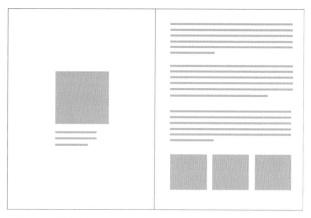

图6-94　图片布局

图6-95　图片布局

以上布局过程中需要注意的问题：

（1）图片排版前需要根据文本或设计内容分类（黑白彩色、室内室外、视角、图片质量）；

（2）图片需要去除水印和标注；

（3）图片色调需要根据整体设计效果调整；

（4）图片布局尽量在网格的基础上多样化；

（5）图文排版完成后需要加入适当的底色或者辅助色调整；

（6）图片必须等比例缩放，不需要的部分可以裁切。

第七章
版式设计的具体应用

　　版式设计的应用范围非常广泛，从平面设计中的书籍设计、海报设计、品牌设计，再到交互设计中的界面设计、导视设计等，均可运用。可以说，涉及视觉应用的设计，或多或少都会使用到版式设计。

07

第一节
报纸的版式设计

报纸以其内容繁杂、发行量大、时效性强、传播面广、读者众多、便于携带和随时阅读等特点，成为最强劲的宣传媒体之一。

一、现代报纸版面

1. 模块式版面

它是网格系统，20世纪60年代模块式版面在美国报纸编辑中耳熟能详，美编们将文字、图片等安排在规则的区域内并尽量避免文稿的穿插。70年代成为美国报纸版面的主流设计。（图7-1、图7-2）

图 7-1　俄国作家主题报纸版式设计　　　图 7-2　俄国作家主题报纸版式设计

2. 动态式版面

以娱乐新闻和针对青少年读者为主的报纸,没有稳定的竖栏及规则的矩形区域。对应的图文相对自由地编排组合,甚至交错成一个个组合(图 7-3)。其中标题醒目,图片也不全是僵化的矩形,它们被去底或改变形态或与其他图形组合,同时加以大量的图形插图使整个版面活泼、个性十足(图 7-4、图 7-5)。

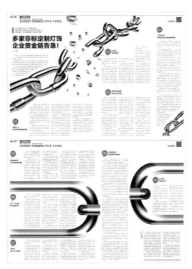

图 7-3 广东科技报:动态式版式设计

图 7-4 报纸 BUSINESS 动态式版
式设计

图 7-5 ChinaDaily 报纸版式设计

二、报纸版式设计新趋势

（1）寻求差异，塑造报纸品牌的鲜明形象．

（2）追求阅读的功能性，形成较稳定的版面格局，以方便读者检索。

（3）追求强有力的视觉冲击力。

（4）报纸广告的构成要素有：商标、品名、标题、广告语、说明文案、图片、图形、厂名及通信方式等。

第二节
书籍和杂志的版式设计

一、书籍的版式设计

在人类历史长河中，书籍一直是人类进步和文明的标志，书籍装帧设计已经成为一个立体的、多侧面的、多层次的、多因素的系统工程。从设计讲全方位主要是指创意、制作工具、材料和工艺，书籍装帧设计包括封面、封二、封三、封底、书脊、环衬、正文版式设计等。

书籍装帧的版面编排既是技术设计，也是艺术设计。所谓技术设计就是研究编排设计的科学性，阅读的视觉流程等客观规律。如字距与行距安排得太小则显得太紧，密不透风；字距与行距安排得太大，到疏可走马的程度则会形成阅读时视觉流程的中断，影响对内容的理解。书装编排的艺术性是指各构成元素在设计者的精心安排下，注入了设计师的情感因素，这些视觉要素转化为与读者共有的感情体验。（图7-6、图7-7）

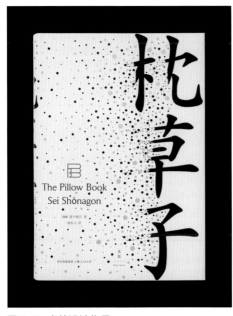

图7-6 书籍设计作品

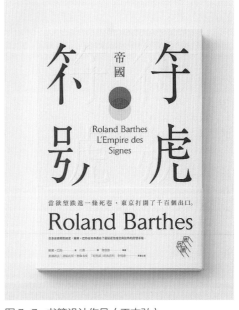

图7-7 书籍设计作品（王志弘）

　　艺术是情感的符号，它不是对生活的再现，而是一种可以感知的情感形式符号。在书籍装帧设计中，书籍的整体形态就是一种形式设计。书籍的整体形态包括开本设计的形式感，精装、平装的形式感，书籍函套的形式感等，都体现了不同时期的书籍外在形态的形式美。书籍装帧设计首先是塑造书籍外在形态的形式意味。书籍装帧的使命之一就是在书籍外的形态上酿造形式意味的美感。（图 7-8、图 7-9）

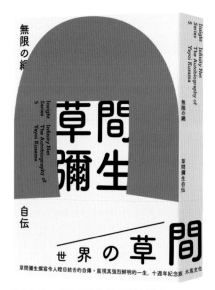

图 7-8　书籍设计作品（王志弘）

图 7-9　书籍设计作品（王志弘）

1. 护封和封面

　　空白是版面编排的重要元素，封面中空白元素的运用可以采用书名或简洁的图形与大面积的空白（图 7-10）。这种设计方式主题突出，简单明了。

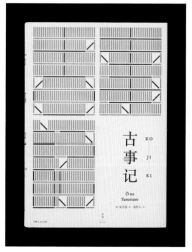

图 7-10　书籍设计作品（王志弘）

2. 书籍开本设计

书籍的开本即书籍的面积大小，同样的开本还有横向与竖向以及长与宽不同比例的多种选择。开本大小和形状的选择要根据不同性质、不同容量、不同作用的书籍来决定。开本的尺寸在我国有两种规格，都以整开纸张的尺寸为基础。一种是 787mm×1092mm，为标准整开尺寸，另一种 850mm×1168mm，称为大度整开尺寸。文字多的可选用大开本，这样可以减少书籍的页面和厚度，而开本小的袖珍书籍适宜于随身携带，方便使用。

确定开本之后，要确定书的版心大小与位置。版心也叫版口，指书籍翻开后两页成对的双页上被印刷的面积。版心上面的空白叫上白边，下面的空白叫下白边。靠近书口和订口的空白分别叫外白边、内白边。白边的作用有助于阅读，避免版面紊乱，有利于稳定视线，有利于翻页。

版心是根据不同的书籍具体设计的，但是有很多设计师力求总结出最完美的版心比例关系。凡·德格拉夫提出德格拉夫定律（图 7-11），可适用于任意高宽的纸张，最终得到内外白边比为 1：2。

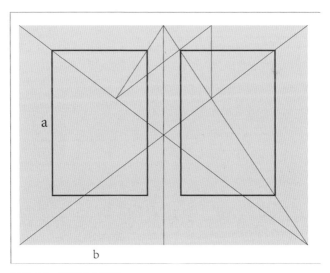

图 7-11　格德拉夫定律

德国书籍设计家让·契克尔德提出 2：3 的开本比例，即版心高度与开本宽度相同，称为页面结构黄金定律（图 7-12），他把对角线和圆形的组合把页面划为 9×9 的网格，最后得到文字块的高度 a 和页面的宽度 b（图中的圆形直径）相等，并且与留白的比例正好是 2：3：4：6。

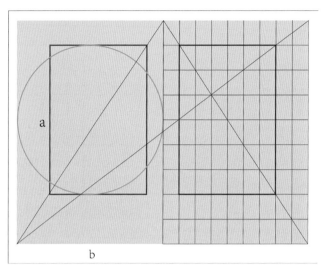

图 7-12　让·契克尔德页面结构黄金定律

随着设计的发展，书籍的版心设计更加科学、灵活、自由。

3.内页版式

正文的空白主要服从于设计者与内容的需要，现代设计改变了过去文字只是用来传达信息的功能，使其也积极参与到设计中，空白的存在使版面错落有致，显得独具匠心（图 7-13）。

图 7-13　书籍内页版式设计（Arabo Sargsyan）

4. 书眉和页码

　　书眉（页眉）指设在书籍天头上比正文字略小的章节名或书名。页码往往排在页眉同一行的外侧，页眉下有时还加一条长直线，这条线被称为书眉线。页眉的文字可居中排，也可排在两旁，通常放在版心的上面，也有放在地脚处。

　　页码是用于计算书籍的页数，可以使整本书的前后次序不致混乱，是读者查检目录和作品布局所必不可少的。多数图书的页码位置都放在版心的下面靠近书口的地方，与版心距离为一个正文字的高度。有将页码放在版心下面正中间的，也有放在上面、外侧和里面靠近订口的。排有页标题的书籍，页码可与页标题合排在一起。也有一些图书，某页面为满版插图时或在原定标页码部位被出血插图所占用，应将页码改为暗码，即不注页码，但占相应页码数（图 7-14）。还有一些图书，正文则从 3、5、7 等页码数开始，而前面扉页、序言页等并没排页码，这类未标页码的前几页码被称之为空页码，也占相应页码数。页码字可与正文字同样大小，也可大于或小于正文字，有些图书页码还衬以装饰纹样、色块。但页码的装饰和布局必须统一在整个版面的设计中，夸大它的重要性是不必要的。

图 7-14　书籍《说舞留痕：山东非遗舞蹈口述史》内页版式设计（张志奇）

5. 图片、插图的版式编排

封面的图片应以直观、明确、视觉冲击力强、易与读者产生共鸣为特点。不同类型的书籍题材因受众群体不同所采用的图片也有所区别。（图 7-15 至图 7-20）

图 7-15　人物传记书籍封面版式设计

图 7-16　《书艺问道》书籍封面版式设计

图 7-17　《中国话》书籍封面版式设计

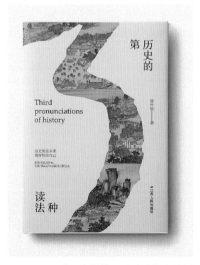

图 7-18　《历史的第三种读法》书籍封面版式设计

图 7-19　小说书籍封面版式设计

图 7-20　访谈录书籍封面版式设计

二、杂志的版式设计

　　杂志由于出版时间短、周期快、传递快等因素，其开本一般选用 16 开、24 开、32 开等，采用平装软封面。封面刊名的设计虽不是图形化的商标，但却具有极强的识别性与可读性、象征性，根据自己的定位及读者群设计独特的字体。如娱乐性的杂志刊名比较活跃、流畅，文字的设计往往采用强烈的色彩，新闻类的杂志刊名表现通过文字的大小疏密安排等多个元素的有机安排来实现，设定统一的字体、图形，保持风格的一致性与视觉的延续性。（图 7-21）

图 7-21　杂志系列感封面

　　杂志的导读系统包括目录、页码等元素，杂志目录的信息量极大，往往包括出版、发行、法律声明等众多信息，由于内容的增多，所以在识读方面就要通过字体与色彩的转换实现信息的逻辑性与层次感。

　　页码作为编排设计的一个重要元素不再是简单的一个标记，而是设计中的一个极具个性的表现元素，好的页码设计不仅仅利于内容的查找，而且还装饰版面，成为版式设计亮点。杂志由于信息量大，在阅读时容易有疲劳感，所以内文编排形式一般采用双栏、三栏设计的同时，增强了图片与文字的穿插形式，甚至是不规则形的使用，以增强阅读性与趣味性。文字与图形的安排打破常规的设计思路，大胆裁切，创造新的视觉形象。（图 7-22、图 7-23）

图 7-22　页码编排设计

图 7-23　页码编排设计

第三节
广告中的版式设计

一、海报招贴的版式设计

　　商业招贴广告中版式设计的目的是对各种主题内容的版面格式实施艺术化和秩序化的重新编排与处理，提高版面商业信息的传递效应，使版面设计在自身的艺术性和视传功能性方面得到充分的体现（图 7-24）。图文作为版式设计中的基础性元素，讲究形式美感，其中包括标题、正文字体的选择是否得当，背景图片色彩的调和是否与主题相宜，插图是否具有深厚的内涵，对正文是否起到强调、解释、说明的作用等所有这些因素都可能会对消费者的心理产生影响（图 7-25、图 7-26）。打造一个能够先声夺人的版式，就会在无形中影响消费者购买时的选择过程。

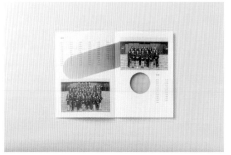

图 7-24　折叠海报的版式设计

图 7-25　学生海报作品（薛蓉）

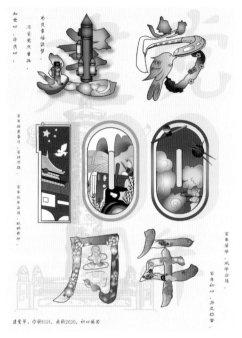

图 7-26　学生海报作品（赵泠辰）

二、户外广告的版式设计

1. 媒体特点

（1）优良的地段，巨幅的尺寸，造就相对其他媒体无与伦比的视觉冲击力；

（2）重复视觉强化功能；

（3）必须考虑发布场合，协调与周边环境的关系；

（4）相对其他媒体其广告具有画面大、信息内容多样、传播范围广泛、形态造型多样、艺术表现力丰富、远视效果强烈的特点；

（5）成本低，户外媒体可能是最物有所值的大众媒体了。户外广告形式多样，大致类别有招贴广告、灯箱广告（图 7-27）、车身广告（图 7-28）、路牌广告（图 7-29）等。

图 7-27　户外招贴广告（Mazen Beshier）

图 7-28　车身广告（Mazen Beshier）

图 7-29　新冠肺炎疫情防护户外广告（Gui Dia）

2. 媒体经营方式

（1）单一媒体——通常购买户外媒体时单独购买的媒体，比如射灯广告、单立柱、霓虹灯、墙体、三面翻等。

（2）网络媒体——可以按组或套装形式购买的媒体，如候车亭、地铁、车身、机场、火车站等。

3. 户外广告的设计趋势

（1）强有力的视觉冲击力；

（2）结合发布场合，创意表现；

（3）与电视媒体形成互动；

（4）借助新技术，创造无限多样性。（图 7-30、图 7-31）

图 7-30　床垫户外广告

图 7-31　银行户外广告

三、POP 广告的版式设计

POP 广告的版式设计是以文字插图、装饰纹样、色彩为编排元素的。作为 POP 广告的文字内容，特别是主标题、副标题，通常放在视觉较为集中的中上部分，字体可采用较特殊的设计方法。例如，可根据版面需要将字体适当放大，采用鲜艳的色彩，在文字周围留出一定的空白等都可以起到突出主标题、副标题的作用。主标题、副标题、说明文字并不是同级的关系，应有主次之分，主次关系通常是从主标题到副标题再到说明文字（图 7-32）。

图 7-32 POP 广告版式设计

第四节
宣传品的版式设计

　　宣传册为使用频率最高的印刷品之一，由于宣传内容和宣传形式的差异，一般分为单位宣传、企业宣传、商场介绍、文艺演出介绍、美术展览内容介绍，企业产品广告样本、年度报告，交通、旅游指南等。

　　宣传册有折页式（对折、三折、四折等）、订装式、活页式、封套式等形式，大小常为32开、24开、16开。依信息量大小，客户要求等具体情况自定尺寸。图片好坏是决定宣传册成败的重要因素，图片风格应一致并注意企业形象要求，与相关设计风格相吻合。宣传画册有多个版面，各个版面相互呼应，能建立起整体和谐的视觉效果。排版中，同一张图片的变化使用，骨架、布局、装饰手法的一致，同一背景图案的贯穿始终都是行之有效的方法（图7-33）。

　　设计无定法。面对客户提供的同一材料，设计者应充分发挥想象力，勇于突破和创新。针对栏的安排，图片裁切，图字变化组合（字体、字号、底色、色调等）问题深入挖掘思考，形成多个思路，再从中选出最贴切的理想方案。

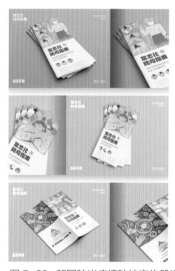

图7-33　新冠肺炎疫情防控宣传册设计（SA 九五二七）

第五节
网页中版式设计的应用

　　网页的版式设计就是根据内容和主题的需要，在有限的屏幕上给多媒体元素一种视觉关联及合理的艺术配置。它与平面的广告设计、封面设计类似。同样遵循版面的造型及形式原理，要以漂亮的色彩、新颖的构图、独特的表现、鲜明的风格来传递信息、传递美。由于网页设计集中了多媒体优势，其版面有声、像、图文、视听互动的优点，能调动人的多种感观，使画面丰富，生动有趣（图7-34）。

图7-34　凤凰传媒出版集团网站主页版式设计

网站内容再好，没有赏心悦目的外观，必然影响浏览率。网页设计是根据网络特点，对平面设计做进一步延伸。一屏布局恰当、美观便捷、制作精良的网页是艺术设计与网络技术的有机融合，网页设计实现依赖并受制于网络。

网页设计要符合受众者心理与社会心理的需求。设计者要正确分析用户需求，注意网页内容的搭配与布局，设计主题要定位准确，必须保证网页对不同操作系统和浏览器的兼容性，并经常性地进行调试及数据更新（图 7-35），设计应追求一种和谐的单纯，即追求清晰的视觉冲击力和巨大的张力，把美的形式规律同网页设计结合起来。

网页设计的基本原则包括：

（1）符合受众心理与社会心理需求，懂得不同的受众以及不同社会层面的不同心理需求；

（2）分析用户需求，注意内容布局，设计者在设计网页时应该注重。

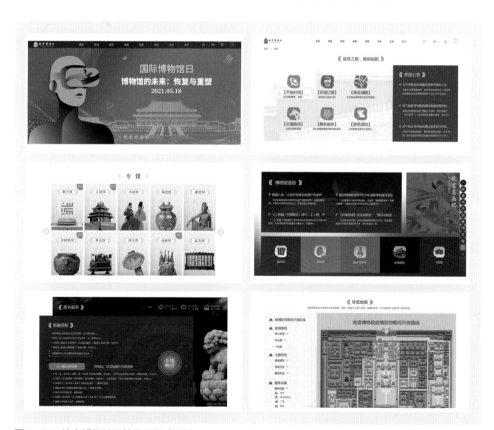

图 7-35　故宫博物馆网站界面版式设计